U0098276

傳統配方再現 VS. 主廚的黃金比例配方

主廚
精選!

世界經典甜點

復刻殿堂級糕點

Classical Desserts Around The World

暢銷食譜作者
郭建昌 Enzo 著

朱雀文化

自序
不用出國，
也能享用全世界經典甜點

　　說到甜點便想到法國，一個引領世界美食風潮的浪漫國度。早在西元前58年，凱薩大帝征服高盧，再歷經隨後的十字軍東征、英法百年戰爭與文藝復興，藉由宗教、戰爭與貴族通婚，許多甜點與美食陸續傳到了法國，使得歐洲甜點發展極為蓬勃。

　　每一個國家與地方的甜點，都有著屬於它獨特的風味。法國以層次、酥脆、風味著稱；德國則以重口味、粗獷為表現；而美國是豪邁、大分量；日本則走細膩、重包裝；至於我們的寶島——台灣，則以當季鮮果為特色。

　　烘焙是一條漫漫長路，與我的生活密不可分。歷經二十多年烘焙的洗禮，我擁有了自己的甜點店。2014年初，一個有溫度的品牌——France Maman法國媽媽手點——誕生了，在這裡，不管任何食物，新鮮就是美味，用最自然的食材就對了。

　　從事烘焙多年來，最常遇到的要求，就是不要太甜。以現代人的飲食習慣來看，不管世界各地，都開始以健康、養生為出發點，從十多年前開始，不論是台灣、法國，各處的主廚極盡所能地想辦法把甜度降低，從組合的層次、酥脆、酸與果香，再帶著些許酒味。利用食材的獨特風味加以組合，讓人品嘗時，能藉由不同食物的風味，在味蕾中變化。

　　我們平日藉由旅遊，能品嘗到許多國家的經典甜點，加上現今交通發達，外國甜點店如雨後春筍般進駐台灣，即使沒有出國，大家也能在台灣享用到各式外國甜點。我很希望更多人能享受這些美味，並且學會自己做，因此規劃出版這本食譜。

　　歷經了多年的準備與測試，終於讓這本書順利出版。書中特別收錄多款世界各國甜點食譜，包括了傳統配方，以及我設計的改良做法。除了有大家熟悉的經典甜點，也有些我們不常接觸，但是非常具有歷史性的點心，值得愛好烘焙的讀者細細品味。

　　特別感謝老婆大人的支持與協助，讓我能夠專心研究。也謝謝元寶的王姊、朱雀的文怡，更感謝喜愛甜點的你與妳。

Contents

主廚精選！世界經典甜點

傳統配方再現 VS. 主廚的黃金比例配方

世界經典甜點

蛋糕＆乳酪

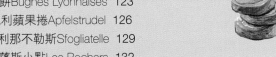

烘焙器具&材料&基礎做法

器具、材料和基礎做法，
是敲開烘焙糕點大門的第一步！

Utensil, Material, Basic Technique Are Beginning Of Pastry!

烘焙器具 Baking Utensil

以下介紹製作本書甜點所需的工具，
大多是常見工具，了解它們的用法與
特性，更能運用在製作其他甜點上。

小模型
用來製作小甜點或蛋
糕，例如p.32黑山羊乳
酪蛋糕。

模具類

長方形模型
這類長條模型，多用
在製作磅蛋糕。

慕斯框
慕斯框有圓形、方形等
不同形狀，尺寸有大有
小，從2～8吋都有。慕
斯框除了用在製作慕斯
甜點，也可以加工成為
幫助軟糖、乳酪蛋糕更
方便脫模的器具，可靈
活運用。

圓形模型
蛋糕模一般有分成活動
底和固定底的，活動底
的用途較多，可做戚風
蛋糕、乳酪蛋糕等。選
購時，可以依甜點分量
選購6～8吋的。

咕咕沃夫陶瓷模

陶瓷模是法國亞爾薩斯當地的特產，分為彩繪和無彩繪款產品。外型如同當地僧侶的帽子，並有溝痕。常見的咕咕沃夫模型由氟素樹脂塗膜加工、鋼板＋不沾塗層、鐵＋不沾塗層、矽膠（小）等材質製成。

耐烤矽膠模

義大利製，有各式不同形狀與大小，較容易脫模且不沾黏。入烤箱烘烤、微波爐加熱或冰箱冷凍皆適合。耐高溫可以達300℃，冷凍可到達零下60℃。

可麗露銅模

市售可麗露模型有銅製、鋁合金＋不沾塗層、矽膠軟模等，從單一個模型到連模都有。當中烘烤效果最佳的銅模價格最高，而且使用前必須經過養模程序，才能烘烤出成功的可麗露。

法式塔模
又叫法式塔圈，以高度約3公分的直角形狀為主，除了中空形狀，亦有可取下底部的活動式塔模。不鏽鋼製材質、碳鋼＋不沾塗層等材質可供選擇。

菊花模
屬於派塔模，一般多做成活動底部的設計，外型則以菊形花樣為主，尺吋從5～8吋都有。

長形慕斯框
可製作長型蛋糕慕斯、當作壓模，或底部包上錫箔紙可做蛋糕模型。

各種圓形壓模
圓形圈，市售各種尺寸商品，可依實際需要選購。可當壓模、切模、慕斯圈等。材質以不鏽鋼製為主。

桌上型攪拌機
製作甜點不可缺的重要攪拌器具。功能較多的桌上型攪拌機，通常會附球形、槳狀和鉤狀攪拌頭，當中的鉤狀攪拌頭以攪拌麵團為主，本書中比較少用到。

均質機
用來把食材充分乳化，尤其在製作巧克力類相關甜點、香緹鮮奶油等時，必須讓巧克力或食材乳化，進而讓香味完全釋放出來。

打蛋器
最常見的攪拌工具，是以打散作為主要功能，例如打散蛋液。與材料接近的攪拌頭鋼絲數量越密，越容易打發蛋液。建議選擇鋼絲穩固，握在手中有點重量的為佳。

球狀攪拌頭
桌上型攪拌器的圓形網狀攪拌頭，用來攪拌鮮奶油、蛋液和麵糊類打發性蛋糕為主。

槳狀攪拌頭
桌上型攪拌器的攪拌頭，多用在攪拌塔皮麵團、奶油時。

橡皮耐熱刮刀
如果想在打發的食材、麵糊加入乾性材料，為了避免以打蛋器攪拌消泡，這時橡皮刮刀便可派上用場。可準備大小尺寸各一支，依食材分量、容器大小選用。

11

輔助器具類

量尺
測量塔皮、派皮、蛋糕體等的尺寸、厚度時使用。

小擀麵棍
如果想要擀製的麵團較小，可以改用較小的擀麵棍操作。

烘焙紙
具有防油、不沾、輕盈與容易取出的特性，多用在烘焙點心、燒烤或微波爐墊紙、冷凍隔離紙。購買時，需確認耐熱度。

烘烤墊
防油、不沾、可重複使用的矽膠烘烤墊，相當環保。購買時，需確認耐熱度，以及適合自己家中烤箱和烤盤的尺寸。

擀麵棍
擀壓麵團成為厚薄均一的麵皮，以稍微有重量的木製擀麵棍為佳，可選擇長40～50公分，直徑5～8公分的比較容易操作。

裝飾類

直柄抹刀
不鏽鋼材質，可以塗抹鮮奶油、巧克力、抹平麵糊等，更是裝飾蛋糕必備的器具。

彎角抹刀
不鏽鋼奶油抹刀。用來塗抹鮮奶油等裝飾，使麵糊表面平整，讓刀底部與蛋糕更貼合，可搭配刮板使用。此外，也可用在移動蛋糕、鏟起糕點時。

擠花袋
市售有拋棄式，以及可重複使用的環保擠花袋。搭配擠花嘴，用在裝飾甜點，像是鮮奶油、蛋白霜擠花。此外，也用在將餡料、麵糊等填入塔皮、餅殼、模型中。

擠花嘴
搭配擠花袋，用在裝飾甜點。市售有多種擠花嘴，像常見的鋸齒、平口、圓口、玫瑰和水滴等形狀。材質也是五花八門，除了不鏽鋼，另有塑膠。

小直柄抹刀
小支抹刀，不鏽鋼材質，可以塗抹鮮奶油、巧克力、抹平麵糊等，更是裝飾蛋糕必備的小器具。

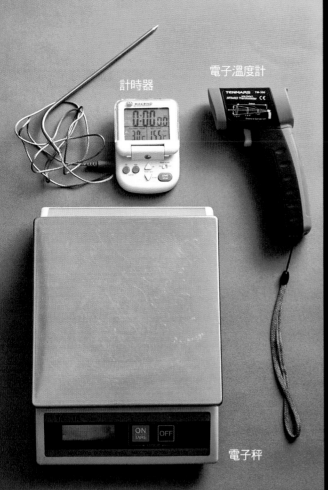

計時器

電子溫度計

電子秤

其他類

電子溫度計：紅外線溫度計，多半用於熬煮糖漿時，尤其是水果軟糖和牛奶糖，因為產生果膠和結晶有一定的溫度門檻，所以必須精確測量，另可用在巧克力調溫。建議選購可測量0～250℃的電子溫度計。

計時器：是廚房的好幫手，設定好下一步驟所需時間，避免在手忙腳亂間錯過操作的時機，導致甜點失敗。

電子秤：最方便的測量工具，選購時建議以能夠測量1～2,000g.範圍的為佳。裝量時，水平放上容器後再按歸零，就可以測量出材料的重量了。

蔬果切片器：可將蘋果、馬鈴薯、小黃瓜和水梨等切成薄的長條狀，除了用在甜點，更是烹調料理的好幫手。

瓦斯噴槍：多用在裝飾糕點上，像是製作烤布蕾的最後階段，將表面焦糖焦化。使用時要特別謹慎。

鋸齒刀：波浪形刀面，用來切片麵包。

刨皮器：製作甜點時常會用到檸檬皮、柳橙皮等，可利用這支刨皮器操作。另外，也可用在硬質乳酪、薑等刨絲。

注入器：可定量注入液體。主要是將液體麵糊注入所需的模具中，像是操作可麗露麵糊、果凍液和布丁液等。

注入器

蔬果切片器

瓦斯噴槍

刨皮器　　鋸齒刀

冰硬奶油

室溫奶油

融化奶油

烘焙材料
Raw Material

以下介紹製作本書甜點所需用到的食材，大多是常見，在一般烘焙材料行或超市即可購得。

乳製品類

冰硬奶油：奶油通常放在冰箱冷凍保存，需要用時再從冷凍取出，放置10～20分鐘即可使用。書中有些甜點是取出冷凍奶油，切成小丁狀後加入食材。

室溫奶油：即以手指按壓會出現凹洞的軟度。由於天然奶油溶點較低，在台灣炎熱的室溫下通常放約20分鐘，就會融化成軟化奶油，夏天的話會更快。

融化奶油：是指將奶油直接以小火或微波爐加熱，使其融化成液體狀，易於加入食材中混合。

鮮奶：除非特殊需求，一般多使用全脂鮮乳製作甜點。

鮮奶油：此品牌的動物性鮮奶油濃稠、質地佳，產自法國諾曼地，是唯一一個通過AOP認證的地區。在重質奶油中加入培養物，使其在適當的溫度下保持濃稠而製成。

山羊乳酪：乳脂含量高，口感較為滑順，由於在製程中必須抹上鹽以增加風味，所以直接食用的話會比較鹹。

雞蛋：選用新鮮、來源可確認的優質雞蛋製作糕點，成品風味更佳。

奶油乳酪：是由牛奶和奶油製成的柔軟、口感溫和的新鮮乳酪，通常會添加像角豆膠、角叉菜膠等穩定劑。

白乳酪：是一種奶油軟乳酪，利用全脂、脫脂牛奶和奶油製成，幾乎不含脂肪。一般約添加8%奶油，以增加脂肪量。

瑞可塔乳酪
來自義大利的乳清乳酪，是透過凝結酪蛋白中的蛋白質所製成，入口較濕潤綿密，有些微的顆粒感。

瑞可塔乳酪

鮮奶

白乳酪

奶油乳酪

鮮奶油

雞蛋

山羊乳酪

糖類

葡萄糖漿：液體糖，主要是由植物、二氧化碳製成，添加於甜點中，可以讓蛋糕體濕潤，延長賞味時間。

蜂蜜、楓糖漿：可使甜點的口感更濕潤、增加風味，延長保存期限。

二砂糖：呈黃褐色的粗顆粒狀，因為沒有完全精製，保有較多風味。

珍珠糖：大都用在比利時鬆餅上，類似結晶糖，可使烘焙成品外表呈脆脆的口感。

海藻糖：添加些許海藻糖能稍微降低甜點的甜度。

細砂糖：風味單純，因為精製過，所以顆粒較細，易於拌勻。

糖粉：通常用在表面裝飾，或加入少許玉米澱粉當作防潮之用，不建議取代細砂糖。

轉化糖：由蔗糖轉化而成，常用在糕點和糖果，可增加甜點的滑順柔軟度，保持水分。

粉類

新鮮酵母：又叫濕酵母，可直接使用，一般須放在冷藏2～10℃中保存。

乾酵母：新鮮酵母經乾燥而成，屬休眠狀態的乾酵母，通常要泡水溶解後再使用。

泡打粉：蓬鬆劑，可使麵團膨脹。

塔塔粉：酸性粉末，加入蛋白中，有助於蛋白打發至蓬鬆。

玉米粉：加入少量可降低麵粉的筋性，使蛋糕口感較鬆軟，此外，也可用來做餡料。

杏仁粉：和麵粉一樣，可以當作甜點中的主原料，也可以增加香氣。

蛋糕粉：香草、巧克力蛋糕等切邊留下的蛋糕，冷凍後再研磨成粉。

可可粉：略帶苦味與香氣，為餅乾、蛋糕和塔派等增加風味與香氣。

鹽之花：法國頂級海鹽，通常在法國布列塔尼周邊海岸採集，產量不多，可為糕點增添風味。

杏仁片

杏仁粒

核桃

胡桃

榛果杏仁脆糖

堅果類

杏仁片、杏仁粒：最常用來搭配糕點的堅果，可以使用整顆杏仁粒或杏仁片，能增加香氣與口感。製作糕點時，選用無調味的為佳。如果用生杏仁，可以先以160℃烘烤上色再使用。未用完的可以放入密封罐中，存放於乾燥陰涼處。

榛果杏仁脆糖：榛果的外層沾裹杏仁脆糖。書中用來製作p.82里昂榛果塔。

胡桃：胡桃含有豐富的油脂與香氣，除了直接吃，可以切小塊或整顆當作烘焙、烹調的食材。選擇市售已經烘烤過的原味產品較方便。未用完的可以放入密封罐中，存放於乾燥陰涼處。

核桃：含有豐富的油脂與香氣，製作餅乾、馬芬很合適，可為甜點增加酥脆的口感。選擇市售已經烘烤過的原味產品較方便。未用完的可以放入密封罐中，存放於乾燥陰涼處。

酒、醋類

橙酒：又叫香橙酒，是以柑橘、柳橙等果皮為主原料釀的香甜酒，香氣較濃郁，可加入糕點中增添風味或調飲料。

紅酒、白酒：以新鮮葡萄或葡萄汁發酵釀製而成，紅酒多用在烹調料理；白酒中的甜白葡萄酒，多用來做甜點。

深色蘭姆酒：經過8年熟成，是很常用來做糕點的酒，可製作可麗露，或與巧克力搭配都適合。

義大利醋：又叫巴沙米哥醋，是將特定葡萄熟成壓榨成汁後，熬煮濃縮至一半量，再發酵成醋，陳年存放於木桶。

杏仁酒：義大利杏仁甜酒，是由杏桃籽和多種香料、水果萃取而成，很適合製作甜點或加冰塊飲用。

粉紅香檳：如鮭魚般的粉色，帶著紅色水果與花香味，適合慕斯、餡料等。

橙酒

杏仁酒

粉紅香檳

義大利醋

蘭姆酒

白酒

紅酒

覆盆子果泥

綜合莓果

百香果果泥

草莓果泥

果泥類

覆盆子果泥：以新鮮覆盆子與少量的糖製作，多用在製作餡料、慕斯和法式軟糖和冰品等。

綜合莓果：冷凍莓果粒，包含覆盆子、紅醋栗、藍莓和黑醋栗等，可製作果餡或點心裝飾。

百香果果泥：百香果果肉與少量的糖製作，多用在製作餡料、熱帶風味甜點等。

草莓果泥：以新鮮草莓與少量的糖製作，多用在製作餡料、慕斯和法式軟糖等。

凝固劑類

吉利丁片：凝固用膠質，屬於動物性，是以動物的骨頭或皮的結締組織中提煉而來的膠質製成。無色無味，通常用來製作塔餡、派餡、慕斯等需要冷藏的甜點，能使成品呈現軟嫩、滑順的口感。使用時，必須先放入冰塊水中泡軟，再擠乾水分加入食材。另外一種也很常見的凝固劑吉利T（Jelly T）為植物性，是由海藻膠萃取，適合製作果凍類甜點。

果膠粉：由水果中萃取出的凝固劑，較適合重複加熱，使用時須與配方內的砂糖先行混合後再使用。可用在製作點心餡料、法式軟糖、甜點鏡面裝飾等處。

吉利丁片

果膠粉

葡萄乾

酒漬櫻桃

檸檬皮屑

蔓越莓乾

柑橘丁

金桔

果乾類

葡萄乾、酒漬櫻桃、柑橘丁、金桔、蔓越莓乾：這類甜度較高的果乾，是將新鮮水果以酒漬或糖蜜的方式製作而成，像是蘭姆酒漬葡萄乾、白蘭地漬櫻桃、白蘭地漬杏桃乾等，可使水果香氣更濃郁，並且延長果乾的保存時間。加入糕點中，成品更具風味。

檸檬皮屑：從新鮮檸檬皮刨下的，清新的香氣，很適合搭配乳酪蛋糕等甜點。買來的檸檬一定要先洗淨表皮，洗掉殘留的農藥與髒污，再以刨皮刀操作。

其他

糯米紙：以糯米製成，可分成透明、紋格狀紙張。大多用在糖果上，可防止沾黏，圖中的是法國進口的牛扎糖專用糯米紙。

香草棒：有香料女王之稱，是糕點中最常用到的香料。使用時，將香草棒果莢橫剖開，用刀背刮取香草籽，將籽連同果莢一起放入醬汁中操作。

杏仁膏：是由杏仁、蛋白和糖研磨而成。多用在製作法式糕點上，可使成品口感更濕，以及延長保存期限。

食用色粉：有多種顏色可選擇，可使成品更多變化。

蜂蠟：蜂農採蜂蜜時，會順便將蜂蠟刮下。在烘焙上，最常見的是用在製作可麗露上，可使烘烤後的成品形成一層保護膜，並且呈現脆脆的口感。

糯米紙

蜂蠟

食用色粉

杏仁膏

香草棒

基礎做法
Basic Technique

正式做本書甜點前，
建議你先熟練以下基本操作方法，
以及蛋糕體、塔皮、派皮、千層派皮等的製作。

打發蛋白

1
將蛋白、塔塔粉倒入鋼盆中。

2
用球形（網狀）攪拌頭以高速攪拌至蛋白呈乳白狀（粗泡沫），加入細砂糖。

3
繼續以高速攪拌至蛋白撈起時，尖端下垂，即濕性發泡（七分發）。

4
再繼續用高速攪拌至蛋白撈起時，尖端往上挺立，即乾性發泡（八分發）。

打發全蛋

將全蛋從冰箱取出，先回溫，然後打入鋼盆中，用球形（網狀）攪拌頭以高速攪拌至顏色變淡，呈乳白色。以蛋液可以在表面畫出清楚的8字形，而不會馬上消失。

打發鮮奶油

從冰箱中取出鮮奶油倒入鋼盆中，鋼盆底部墊一盆冰塊水。用球形（網狀）攪拌頭以中速攪拌至表面光滑，出現些許紋路即可。

軟化吉利丁片

1
準備一盆冰塊水,將吉利丁片一片一片分開,或用剪刀剪成小片,放入冰水中浸泡。

2
約10分鐘會泡軟。欲使用時,再擠乾水分,即可加入食材中。

處理香草棒

以小刀將香草棒豆莢從裡面剖開,刮出中間的香草籽。使用時,將香草籽連同豆莢一同放入即可。

使用擠花袋

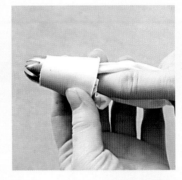

1
將花嘴套入擠花袋中,花嘴上方的擠花袋扭轉兩圈,塞入擠花袋中。

2
填入麵糊,用刮板將麵糊推至前方。

3
一手將擠花袋的袋口扭緊,另一手握好。

杏仁海綿蛋糕 *Almond Sponge Cake*

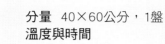

分量　40×60公分，1盤
溫度與時間
200℃，12分鐘

材料

杏仁粉	100g.
糖粉	100g.
全蛋	3顆
奶油	20g.
低筋麵粉	30g.
蛋白	3顆
細砂糖	15g.

Qui, Chef! 重點提示

1. 做法1以快速攪拌，約8～10分鐘。
2. 做法3奶油融化後必須保持在60℃，否則烤好的蛋糕油脂會沉入底部。

做法

1

將杏仁粉、糖粉、全蛋放入鋼盆中，再用球狀（網狀）攪拌頭以高速攪拌至可以在表面畫出清楚的紋路。

2

蛋白倒入另一鋼盆中，攪拌至乳白狀（粗泡沫），加入細砂糖。

3

奶油融化（60℃）後加入做法1，以刮刀拌勻。

4

輕輕拌入低筋麵粉拌勻。

5

蛋白攪打至七分發。

6

取一部分七分發蛋白，倒入做法4輕輕拌勻。

7

再將剩餘的七分發蛋白，倒入做法6中輕輕拌勻成麵糊。

8

麵糊倒入烤盤，抹平，放入烤箱，以200℃烘烤約12分鐘。

巧克力蛋糕 *Chocalate Cake*

分量　8吋，1個
溫度與時間
180℃，20～25分鐘

材料

奶油	45g.
鮮奶	15g.
水	30g.
可可粉	15g.
低筋麵粉	60g.
蛋黃	75g.
蛋白	150g.
細砂糖	65g.

Qui, Chef! 重點提示

1. 做法2起鍋時可加入些許熱水，補足煮的過程中水分蒸發。
2. 6吋模型需麵糊250g.，烘烤約25分鐘；8吋模型需麵糊450g.，烘烤約35分鐘，可在製作前先計算分量。

做法

1 可可粉篩入鋼盆中備用。

2 將軟化的奶油、鮮奶和水倒入鍋中，加熱至邊緣沸騰，離火。

3 將做法2倒入可可粉中。

4 用打蛋器快速拌勻。

5 加入麵粉拌勻。

6 加入蛋黃拌勻成巧克力蛋黃糊（保持在50℃）。

7 蛋白、細砂糖攪打七分發，然後拌入做法6中拌勻，倒入模型中。

8 放入烤箱，以180℃烘烤20～25分鐘即可。

甜塔皮 *Sweet Shortcrust Pastry*

分量　7吋，1個
溫度與時間
200℃，15分鐘

材料

奶油	60g.
細砂糖	40g.
鹽之花	1g.
全蛋	22g.
低筋麵粉	100g.
杏仁粉	25g.

做法

1

將冰奶油切成小丁狀。

2

依序加入所有材料，以槳狀攪拌頭慢速拌勻成團。

3

擀壓至所需的厚度。

4

將麵皮壓入模型內，切掉邊緣多餘的麵皮。

5

底部以叉子戳洞，放入烤箱，以200℃烘烤約15分鐘。

Qui,
Chef!
重點提示

1. 攪拌時，只要將麵團稍微拌成團即可。
2. 切掉多餘的塔皮、沒用完的塔皮，可以放入密封袋中冷凍保存。
3. 這個配方也可以做成手工餅乾，一樣好吃。

鮮果克拉芙緹

鹹塔皮 *Shortcrust Pastry*

分量　7吋，2個
溫度與時間
200℃，10分鐘，取
出米粒或重石，再繼
續烘烤10分鐘。

材料

奶油	190g.
鹽之花	5g.
水	50g.
低筋麵粉	250g.

做法

1
將冰奶油切成小丁狀。

2
依序加入鹽之花、水和低筋麵粉，以槳狀攪拌頭慢速拌勻即成團。

3
將麵皮壓入模型內，切掉邊緣多餘的麵皮。

4
底部以叉子戳洞。

5
準備盲烤，在麵皮表面鋪上烘焙紙。

6
鋪上米粒或重石。放入烤箱，以200℃烘烤約10分鐘，拿掉米粒或重石，再烘烤10分鐘。

Qui, Chef!
重點提示

1. 必須選用冰的奶油，否則麵團會比較軟，不好擀壓。擀壓時，可撒一些手粉（高筋麵粉），可避免沾黏。
2. 烘烤後的鹹塔皮可以密封，放置烤箱內保存，避免潮濕。
3. 鹹塔皮因為配方中有水，會產生筋性，所以必須壓米粒烘烤（盲烤）。

千層餅皮 *Puff Pastry*

分量　約550g.
溫度與時間
200℃，10分鐘，
再以180℃，15分鐘

材料

奶油	40g.
低筋麵粉	215g.
鹽之花	2g.
水	100g.
奶油（裹入油）	150g.
低筋麵粉（裹入油）	50g.

做法

1
40g.奶油切小丁，和215g.低筋麵粉、鹽之花一起放入鋼盆中，再加入水。

2
以槳狀攪拌頭稍微翻拌成團。

3
裹入油的150g.奶油切小丁，與麵粉一起放入鋼盆中翻拌成團。

4
將做法2擀成長薄片，把做法3的裹入油放在中間點。

5
左邊餅皮向中間折。

6
右邊餅皮向中間折，包覆裹入油。

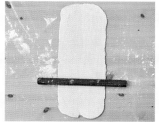

7
將餅皮以上下方向擀成長片狀。

8
接著將餅皮往右轉90度，刷掉多餘的粉。

9

將左邊餅皮往中間折。

10

將右邊餅皮也往中間折。

11

餅皮對折，完成一次四折，放入冰箱鬆弛約30分鐘。

12

重複上面的步驟，最後要完成三次四折。

聖奧諾雷

Qui, Chef! 重點提示

1. 奶油必須選用冰的奶油操作。
2. 擀壓過程中，可在工作檯上撒些許手粉（高筋麵粉）以利操作，但擀壓過程中，記得要刷掉餅皮上多餘的粉。
3. 每完成一次四折擀折，必須放入冰箱冷藏鬆弛約30分鐘，再取出繼續操作，否則餅皮鬆弛不夠的話，容易收縮。
4. 完成全部的擀折後，再放入冰箱冷凍保存。

國王餅

橙酒香緹餡
Cointreau Chantilly Cream

分量　260g.

材料

動物性鮮奶油	250g.
細砂糖	5g.
橙酒	10g.
香草棒	少許

做法

1
將鮮奶油、細砂糖、香草籽和剖開的香草棒放入鋼盆中，加入橙酒。

2
用球狀攪拌頭以慢速攪打至七分發即成。

Qui, Chef!
重點提示

1. 鮮奶油必須保持在4～6℃間，這是最容易攪拌的溫度。
2. 攪拌時須以慢速攪拌，否則鮮奶油容易油脂分離。
3. 攪拌好的鮮奶油不使用時，必須放入冰箱冷藏。

奶油霜
Buttercream

分量　約300g.

材料

鮮奶	45g.	香草棒	少許
細砂糖	35g.	奶油	190g.
蛋黃	35g.		

做法

1
將鮮奶、細砂糖、蛋黃和香草籽、剖開的香草棒放入鍋中。

2
一邊攪拌，一邊煮至完全沸騰。

3
將做法2倒入鋼盆中，以快速攪拌。

4
加入切成小丁的冰凍奶油，攪拌至完全打發。

卡士達餡
Custard Cream

分量　約120g.

材料

鮮奶	65g.	玉米粉	7g.
細砂糖	15g.	香草棒	少許
蛋黃	10g.	奶油	27g.

法式杏仁餡
Almond Cream Filling

分量　270g.

材料

奶油	60g.	玉米粉	5g.
T.P.T（等量的糖粉、杏仁粉）110g.		全蛋	1顆
		卡士達餡	70g.
酒漬葡萄乾 少許			

做法

1 將鮮奶、細砂糖、蛋黃、玉米粉和香草籽、剖開的香草棒放入鍋中。

1 冰奶油切小丁，與糖粉、杏仁粉和玉米粉放入鋼盆中，以槳狀攪拌頭打發。

2 以直火一邊加熱一邊快速攪拌，直到沸騰濃稠後離火。

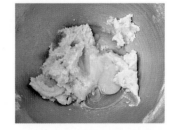

2 慢慢加入打散的全蛋液，不時刮鋼盆壁，一邊攪拌。

3 等溫度降至40～45℃。

3 再一次打發。

4 拌入切成小丁的冰奶油，再次拌勻即成。

4 倒入卡士達餡、酒漬葡萄乾翻拌均勻即可。

Qui, Chef! 重點提示

1. 如果分量加倍，在做法2再多煮2分鐘，去除玉米粉生味。
2. 完成後的卡士達餡必須以包鮮膜貼緊表面，防止產生硬塊。
自製卡士達餡放冰箱冷藏，約可保存2天。

世界經典甜點
Classical Desserts Around The World

無論我吃了多少東西，永遠都吃得下甜點。

No Matter How Much I Eat, There Is Always Room For Dessert.

Tourteau Fromage

黑山羊乳酪蛋糕

漆黑的外表非常特別，咬一口則內層柔軟綿密。焦香脆脆的外皮，
濕潤的蛋糕體，微酸的樸實風味，不用去法國，在家也能享受。

防潮糖粉

鹹塔皮

數量 8個

溫度與時間 270℃，8分鐘；170℃，40分鐘

難易度 ★簡單，新手也很容易成功！

適合何時吃＆保存多久
適合常溫品嘗，可冷凍保存，要吃時再取出回溫。

材料

鹹塔皮

奶油	140g.
鹽之花	2.5g.
水	35g.
低筋麵粉	190g.

內餡

山羊乳酪	190g.
細砂糖	115g.
蛋黃	75g.
鹽之花	少許
玉米粉	40g.
蛋白	115g.
糖蜜橙皮	適量
蔓越莓乾	適量

做法

製作鹹塔皮 Shortcrust Pastry

1

奶油切小丁。

2

將奶油、鹽之
花、水和過篩後
的低筋麵粉依序
放入攪拌盆中，
稍微拌勻即可。

3

取出麵團擀壓至
0.5公分厚，壓入
模具內，然後切
掉多出模具邊緣
的塔皮。

4

在塔皮上戳幾個
洞，備用。

製作內餡 Filling

5
山羊乳酪、細砂糖、蛋黃、鹽之花、玉米粉放入攪拌盆中，拌勻。

6
將蛋白攪打至硬性發泡，即用攪拌頭撈起蛋白，尖端往上直挺。

7
用橡皮刮刀將蛋白霜輕輕拌入做法5中，輕輕拌勻。

組合＆烘焙 Mix&Bake

8
將糖蜜橙皮、蔓越莓乾放入做法4中。

9
將內餡擠入塔模內，擠至約九分滿。

10
放入烤箱，先以270℃烘烤8分鐘，至表面呈黑色，再降至170℃烘烤40分鐘即可。

Qui, Chef! 重點提示

1. 內餡可用一般打蛋器攪拌，必須攪拌至無顆粒狀態。
2. 拌入打發蛋白時要輕輕攪拌，以免麵糊消泡。
3. 必須達到溫度，才能放入烤箱烘烤。此外，要隨時注意表面烘烤的顏色，當呈現黑色，須馬上降溫繼續烘烤。

傳統
黑山羊乳酪蛋糕配方

內餡

山羊乳酪	250g.
細砂糖	150g.
馬鈴薯粉	50g.
奶油	25g.
全蛋	5顆
鮮奶	少許

● 傳統的內餡配方比較簡單，沒有加入任何果乾，可以品嘗山羊乳酪的清新香氣，完全顛覆印象中山羊乳酪濃厚的風味。

● 如果想要增加口感與果香味，不妨參照改良的配方，加入些許蔓越莓乾、糖蜜橙皮等試試。

關於
黑山羊乳酪蛋糕

國家 法國

製作順序 鹹塔皮→內餡→組合→烘烤

主原料 山羊乳酪、麵粉、奶油、蛋黃、蛋白、玉米粉等

由來

　　黑山羊乳酪蛋糕（Tourteau Fromage）源自法國西部臨海的普瓦圖－夏朗德（Poitou-Charentes）地區，是當地的特產。這道甜點是以當地傳統的方式，並使用特殊的淺圓缽狀模具（Moule à Tourteau）烘烤，成品外表如焦炭，常讓人誤以為烤焦了。微酸與乳酪的淡香，口感類似濕潤綿密的海綿蛋糕，在法國除了糕點舖，超市也能買得到。

　　起緣之說相當多，當中最可信的，是緣於夏朗德地區魯非尼（Ruffigny）小鎮女廚師的失敗品。某天，她像往常般烤焙山羊乳酪蛋糕，但因錯過了出爐的時間，當她取出山羊乳酪蛋糕時，發現表面已經燒焦，於是她將這些失敗品分送給附近的鄰居。收到的鄰居們剛開始嚇了一跳，他們決定把表面烤焦的地方切掉，再品嘗蛋糕體，卻發現口感非常濕潤、綿密，散發淡淡的山羊乳酪香氣，風味獨特。從此成為當地婚禮、復活節等節慶時的慶賀甜點。

　　此外，Tourteau是普瓦圖－夏朗德（Poitou-Charentes）地區捕獲的螃蟹的名字，黑山羊乳酪蛋糕因為長得和這種螃蟹的圓胖外殼很像，所以以此命名。

野莓巴斯克蛋糕

外層酥香、內層柔軟，
蛋糕體間夾著清爽酸甜的莓果餡，
讓這道甜點的風味更鮮明。
你也可以夾入其他喜愛的果醬或內餡，品嚐不同的風味。

Gâteau

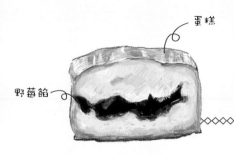

蛋糕

野莓餡

數量 33×7×5公分，1條

溫度與時間 180℃，25分鐘

難易度 ★簡單，新手也很容易成功！

適合何時吃＆保存多久
適合常溫品嘗，可冷凍保存約15天。

材料

餅皮

軟化奶油	120g.
細砂糖	100g.
蛋黃	60g.
低筋麵粉	165g.
泡打粉	10g.
動物性鮮奶油	30g.

野莓餡

覆盆子果泥	50g.
綜合莓果粒	70g.
細砂糖	4g.
果膠粉	2g.

製作餅皮 Dough

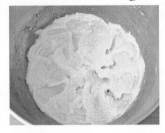

1

軟化奶油、細砂糖倒入鋼盆中，以低速打發至顏色泛白、絨毛狀態。

2

慢慢加入蛋黃（如果大量的話分次加入）。

3

低筋麵粉、泡打粉混合過篩，一次加入，然後再拌勻。

4

加入鮮奶油拌勻即可。

Basque Framboise

製作餡料 Filling

5
細砂糖、果膠粉混合。

6
將覆盆子果泥、果粒加熱至50℃。

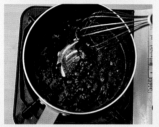

7
將做法5快速加入做法6中，一邊加入一邊快速攪拌至沸騰，降溫後再使用。

Qui, Chef!
重點提示

1. 餅皮可用加入鮮奶油的量，來調整適當軟硬度。
2. 做法2中每次加入一次蛋黃時，盡量將鋼盆內麵糊刮乾淨後再攪拌。
3. 製作餡料時，如果要增加倍數時，記得果膠粉要分次拌入。
4. 餡料可以依照自己喜愛口味稍微變化，地瓜、芋頭都是不錯的選擇。

傳統野莓巴斯克蛋糕配方

鮮奶	500g.	
細砂糖	120g.	
香草棒	1支	
全蛋	3顆	
低筋麵粉	50g.	
蘭姆酒	少許	

- 傳統的內餡是黑櫻桃醬、卡士達餡，不過改成帶有酸味的果餡也很美味，口感與風味更鮮明。
- 這道甜點在當地製作時，多是以8吋或10吋模具製作，這裡我改成長條模具烘烤。

組合&烘焙 Mix&Bake

8
將餅皮麵糊填入裝好8齒花嘴的擠花袋中，擠至模具的一半高。

9
擠入餡料。

10
接著再擠完餅皮麵糊。

11
表面刷上些許蛋液（分量外），放入烤箱以180℃烘烤約25分鐘，至表面上色即成。

關於野莓巴斯克蛋糕

國家 法國
製作順序 餅皮→餡料→組合→烘烤
主原料 奶油、麵粉、鮮奶油、蛋黃、覆盆子果泥、果粒等
由來

　　這道外觀樸實的甜點源自17世紀法國西南部的巴斯克（Basque）地方，是在兩片杏仁風味的軟餅皮中夾入莓果餡料，由於酸味的黑櫻桃（Cerise Noire）是此區的名產，因此傳統的口味是以黑櫻桃醬為餡料。不過由於黑櫻桃的產期較短，因此夾餡多用卡士達醬、杏仁醬等，現今使用莓果餡料的也不少，口味更豐富多變。這道甜點的另一特色，是在表面劃上交錯的線、格子狀，以及巴斯克的十字架（Lauburu）等圖案，辨識度極高。

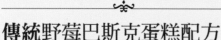

Red Velvet Cake

紅絲絨蛋糕

美麗的紅色蛋糕點總令人驚艷，
濕潤的蛋糕體搭配柔滑、濃郁的乳酪香緹餡，
再配以草莓、藍莓、櫻桃等水果，
是眼睛與味蕾的雙重享受。

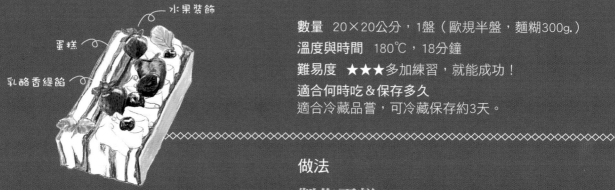

水果裝飾
蛋糕
乳酪香緹餡

數量 20×20公分，1盤（歐規半盤，麵糊300g.）
溫度與時間 180℃，18分鐘
難易度 ★★★多加練習，就能成功！
適合何時吃＆保存多久
適合冷藏品嘗，可冷藏保存約3天。

材料

蛋糕
全蛋　　　　　2顆
細砂糖　　　　70g.
沙拉油　　　　10g.
鮮奶　　　　　30g
檸檬汁　　　　7g.
白醋　　　　　4g.
低筋麵粉　　　45g.
玉米粉　　　　15g.
可可粉　　　　8g.
色粉　　　　　1g.

乳酪香緹餡
奶油乳酪　　　40g.
細砂糖　　　　25g.
香草棒　　　　少許
檸檬皮屑　　　少許
鮮奶油　　　　300g.
新鮮草莓　　　少許

做法
製作蛋糕Cake

1
全蛋、細砂糖倒入鋼盆中，隔水加熱至50℃。

2
以球狀攪拌頭攪打至硬性發泡。

3
此時換鋼盆，用橡皮刮刀加入沙拉油、鮮奶、檸檬汁和白醋拌勻。

4
所有粉類混合後過篩，輕輕加入後拌勻成麵糊。

5
將麵糊倒入鋪好烘焙紙的烤盤（40×60m）中，抹平表面，放入烤箱，以180℃烘烤約18分鐘。

製作乳酪香緹餡
Chantilly Cheese Cream

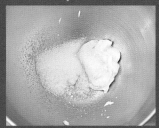

6

奶油乳酪、細砂糖倒入鋼盆中，以球狀攪拌頭拌勻。

7

加入香草籽、檸檬皮屑和鮮奶油。

8

以中速打發即成。

Qui, Chef!
重點提示

1. 做法2中的硬性發泡，是指以攪拌器拉起麵糊，可在麵糊上畫出8字，並且可以維持形狀，不會馬上消失。
2. 攪拌麵糊時必須輕輕攪拌，不可過度用力，並且以規則性繞著鋼盆，輕輕用橡皮刮刀攪拌即可。
3. 製作乳酪香緹餡時，加入鮮奶油的過程中，必須連續且慢慢加入為佳。

組合 Mix

9
取出冷卻的蛋糕，以20×20公分正方形模型壓好蛋糕，將第一片蛋糕排回模型內。

10
將乳酪香緹餡填入擠花袋中，擠在蛋糕上。

11
以刮刀抹平。

12
排上第二片蛋糕。

13
然後在蛋糕上再擠入乳酪香緹餡。

14
蓋上第三片蛋糕，一共三片蛋糕＋兩層內餡。放入冰箱冷凍至定型。

15
取出蛋糕，可切成適當大小，在表面稍微裝飾即成。

關於紅絲絨蛋糕

國家 美國
製作順序 蛋糕→乳酪香緹餡→組合→冷凍
主原料 全蛋、奶油乳酪、麵粉、鮮奶、沙拉油、鮮奶油等
由來

　　第一眼見到紅絲絨蛋糕，很難不被它艷麗的紅色所吸引；第一次品嘗紅絲絨蛋糕，很難不被它柔滑的口感所陶醉。

　　這款蛋糕最早出現在美國，說它就是變成了紅色的巧克力蛋糕，並不為過。在添加了甜菜根汁或色粉，亦或經過其他化學變化後，巧克力蛋糕產生紅色，就成了紅絲絨蛋糕。

　　關於紅絲絨，最著名的一則故事，是19世紀，一位女士在美國某高檔飯店享用了這款蛋糕，深深愛上，便向飯店詢問配方，並順利取得。沒想到事後竟然收到一筆帳款，飯店因為釋出配方而向這位女士索費。這位女士一氣之下，向大眾公開配方，從此紅絲絨蛋糕便走入甜點愛好者的心。

傳統紅絲絨蛋糕配方

份量：8吋×1個

蛋糕				內餡	
奶油	115g.	優酪乳	250g.	乳酪	400g.
細砂糖	30g.	低筋麵粉	400g.	奶油	110g.
全蛋	2顆	可可粉	10g.	糖粉	450g.
葵花油	250g.	小蘇打粉	5g.		
白醋	少許				

- 傳統配方是以磅蛋糕為蛋糕體，改良的配方是口感較鬆軟的海綿蛋糕。傳統的內餡是用乳酪和奶油混合，為免太膩口，我的內餡是以鮮奶油與奶油乳酪為主，加上檸檬汁，更顯清爽。

- 外型上，傳統的紅絲絨蛋糕多為圓形，此處跳脫美式傳統，改用正方模型，加上水果裝飾，呈現法式優雅風格。

Kardinal Schnitten

主教蛋糕

白色蛋白霜、黃色海綿蛋糕，
與咖啡餡的三色混搭，外型優雅且獨特
可以一邊享用蛋糕，再來杯奶茶，
是下午茶甜點的最佳組合。

44

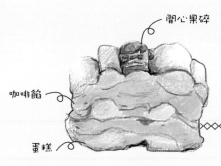

開心果碎

咖啡餡

蛋糕

數量 33×5公分，1條
溫度與時間 180℃，20分鐘
難易度 ★★小心製作，不容易失敗！
適合何時吃＆保存多久
適合冷藏品嘗，可冷藏保存約10天。

材料

蛋糕
蛋白	3顆
細砂糖	90g.
蛋黃	4顆
全蛋	1顆
糖粉	50g.
低筋麵粉	50g.

咖啡餡
蛋黃	20g.
玉米粉	11g.
鮮奶	105g.
細砂糖	20g.
吉利丁片	1.5g.
奶油	45g.
市售咖啡醬	5g.
動物性鮮奶油	330g.

杏仁脆片
杏仁片	50g.
細砂糖	25g.
水	15g.

製作蛋糕Cake

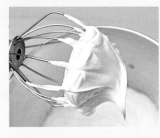

1
蛋白與細砂糖放入鋼盆中，攪打至硬性發泡（法式蛋白霜）。

2
將蛋白霜填入裝好1公分平口花嘴的擠花袋中，在鋪好烘焙紙的烤盤內，擠成長條狀。

3
做法2中，每一條蛋白霜需取適當的間隔。

4
蛋黃、全蛋和糖粉放入鋼盆中，攪拌至硬性發泡。

製作咖啡餡
Coffee Cream

5

加入過篩的麵粉拌勻成麵糊。

6

然後將做法5填入裝好1公分平口花嘴的擠花袋中，擠在做法3蛋白霜間隔中。

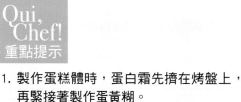

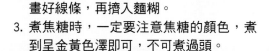

7

均勻篩上糖粉（分量外），放入烤箱，以180℃烘烤20分鐘，至呈金黃色。

Qui, Chef!
重點提示

1. 製作蛋糕體時，蛋白霜先擠在烤盤上，再緊接著製作蛋黃糊。
2. 為了讓蛋糕整體美觀，可先在烘焙紙上畫好線條，再擠入麵糊。
3. 煮焦糖時，一定要注意焦糖的顏色，煮到呈金黃色澤即可，不可煮過頭。

8

蛋黃、玉米粉和些許鮮奶先攪拌。

9

剩餘的鮮奶、細砂糖煮至完全沸騰後，慢慢倒入做法8中拌勻。

10

整鍋重新放回爐火上，一邊加熱，一邊快速攪拌至稍微沸騰、冒泡泡，離火。

11

離火後，加入冰水泡軟並擠乾水分的吉利丁片拌勻。

12

等降至40℃，再加入冰奶油和咖啡醬拌勻。

13

加入打發鮮奶油輕輕拌勻即可。

製作杏仁脆片
Caramel Almond Slice

14 杏仁片以160℃烤熟。

15 細砂糖、水倒入鍋中，以小火煮成焦糖。

16 拌入烘烤後的杏仁片，稍微拌一下即成。

組合 Mix

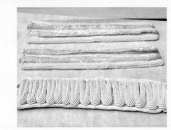

17 每片蛋糕內擠上咖啡餡。

18 放上切碎的杏仁脆片。

19 放上第二層蛋糕，依序擠入咖啡餡，放入杏仁脆片，一共三層蛋糕＋兩層內餡。

20 放入冰箱冷凍定型，最後再取出切片即可享用，可撒上開心果碎以及防潮糖粉。

關於主教蛋糕

國家 奧地利
製作順序 蛋糕→咖啡餡→杏仁脆片→組合→冷凍
主原料 全蛋、蛋白、蛋黃、麵粉、鮮奶、咖啡醬、鮮奶油、杏仁片等
由來

又叫樞機卿蛋糕。乍看這款蛋糕的名字，很難不讓人直接聯想到天主教的樞機主教。樞機，在天主教內是由教宗任命，主要工作是教宗治理天主教時的助理，在教會中，神職地位僅次於教宗。

主教蛋糕的黃與白兩色蛋糕體，正是代表天主教樞機主教法衣的顏色。人們為了對崇高的樞機主教表達尊敬之意，特地製作這款蛋糕，敬送給他。

主教蛋糕是以海綿蛋糕為主，搭配蛋白酥與內餡，傳統的內餡以咖啡餡、焦糖餡為主，但目前還有抹茶、草莓風味的變化，綜合多種口感，吃起來層次豐富，只要嘗過一次，就很難不愛上它。

傳統主教蛋糕配方

內餡

蛋黃	8顆
細砂糖	250g.
水	少許
奶油	250g.
香草棒	少許

● 傳統內餡口感較濃郁，改良的配方中則加入了咖啡醬、吉利丁片和鮮奶油等，口味較清爽且甜中帶香。此外，加入香脆的杏仁脆片，讓你在品嘗時，除了清爽的內餡外，還有喀嚓喀嚓的口感。

Zucchetto

義大利聖帽蛋糕

如神職人員帽子般的可愛外型，

不同風味的雙重內餡，

這款義大利的傳統甜點兼具美味與視覺，

而且，只要有一些烘焙基礎

就能在家自己做。

裝飾

杏仁海綿蛋糕

數量　直徑15×9公分半圓模型，1個
溫度與時間　180℃，10分鐘
難易度　★★小心製作，不容易失敗！
適合何時吃＆保存多久
適合冷藏品嘗，可冷藏保存約10天。

做法

製作杏仁海綿蛋糕 Cake

1

做法參照p.22，完成麵糊後，放入烤箱，以200℃烘烤12分鐘。取出放涼備用。

製作內餡1 Filling

2

鮮奶油先打至微發，即七分發，以攪拌頭舀起鮮奶油，尖端微彎。

3

加入巧克力醬、果乾和堅果等拌勻即成。

材料

杏仁海綿蛋糕

杏仁粉	100g.
糖粉	100g.
全蛋	3顆
奶油	20g.
低筋麵粉	30g.
蛋白	3顆
細砂糖	15g.

內餡1

動物性鮮奶油	125g.
巧克力醬	25g.
果乾	25g.
堅果	25g.

內餡2

瑞可塔乳酪	250g.
細砂糖	80g.
動物性鮮奶油	125g.
綜合莓果	適量
檸檬皮屑	少許
杏仁利口酒	少許

製作內餡2

4
瑞可塔乳酪、細砂糖放入鋼盆中，以打蛋器先拌軟。

5
鮮奶油倒入鋼盆中，先打至微發，再倒入做法4拌勻。

6
拌入莓果和檸檬皮屑，倒入利口酒拌勻即成。

Qui, Chef!
重點提示

1. 巧克力醬可以用巧克力:鮮奶油＝1.5：1 的比例混合。
2. 果乾、果粒類可以先浸泡水果利口酒，增添風味；堅果類可事先以160℃烘烤過，更能散發出香氣。

組合 Mix

7
將杏仁海綿蛋糕切成底4×高15公分的直角三角形片狀。

8
依序排列至模具內。

9
在蛋糕體上刷上些許杏仁利口酒（分量外）。

10
先放入些許內餡2。

關於義大利聖帽蛋糕

國家 義大利
製作順序 蛋糕→內餡→組合→冷凍
主原料 杏仁粉、糖粉、麵粉、全蛋、蛋白、鮮奶油、瑞可塔乳酪、莓果、檸檬皮、巧克力醬等

由來

義大利聖帽蛋糕的原文Zucchetto，獨特的外型猶如天主教神父所戴的圓形小瓜帽。源自於義大利佛羅倫斯地區，16世紀，是宮廷糕點。半圓的外型，就有如神父的小圓帽，因而得名。

這款甜點以半圓形的造型為主，是款酒香蛋糕。完成帽子狀的蛋糕體之後，再經由個人巧手，或在上頭撒上糖霜，或是塗抹奶油，再點綴以各式水果，各種變化隨人巧思，嘗起來自然也別有一番風味。

11

再放入全部內餡1。

12

最後放入剩餘的內餡2，然後抹平。

13

再以蛋糕片鋪平底部，外表塗抹些許杏仁利口酒，放入冰箱（分量外）冷凍約20分鐘至定型。最後取出脫模，撒上防潮糖粉，以水果（皆分量外）裝飾即成。

傳統義大利
聖帽蛋糕配方

手指蛋糕	300g.
鮮奶油	300g.
草莓果餡	100g.
新鮮草莓	20顆

● 傳統配方中是以手指蛋糕為蛋糕體，改良的配方則以杏仁海綿蛋糕取代，此外再加上2種自製內餡，讓層次以及口感更豐富。

Pain de Gênes

義大利手工蛋糕

杏仁香氣是這道甜點的最大特色，
推薦給喜愛杏仁風味的人。
因為就是海綿蛋糕，口感鬆軟，
更是多款糕點的基本蛋糕體。

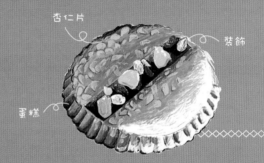

杏仁片

裝飾

蛋糕

數量　7吋塔模，1個
溫度與時間　190℃，25分鐘
難易度　★簡單，新手也很容易成功！
適合何時吃＆保存多久
適合常溫品嘗，可冷凍保存15天。

材料

杏仁片	適量
杏仁膏	90g.
奶油	115g.
細砂糖	85g.
全蛋	2顆
低筋麵粉	90g.
核桃	50g.
金桔乾	25g.
蔓越莓乾	25g.

製作麵糊 Cake Batter

1
模型內先塗上融化成液體的奶油（分量外）。

2
撒入杏仁片。

3
將杏仁膏、奶油和細砂糖倒入鋼盆中，以槳狀攪拌頭先拌軟。

4
慢慢加入全蛋液。

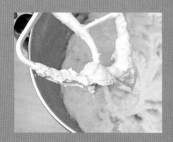

5
然後打發，至泛白、呈絨毛狀。

6
拌入過篩的粉類，以及核桃、金桔乾、蔓越莓乾，以中速稍拌成麵糊。

烘烤 Bake

7
將麵糊倒入模型中，抹平，放入烤箱，以190℃烘烤約25分鐘即成。

Qui, Chef! 重點提示

1. 這款蛋糕可以用打蛋器手動攪拌製作，非常方便。
2. 杏仁膏建議先微波加熱軟化，比較容易攪拌。
3. 蛋糕出爐後立刻倒扣在鐵盤上，等稍降溫後再脫模。脫模後的蛋糕放至冷卻，可以噴些許櫻桃酒，讓酒液滲入蛋糕體，讓香味更飽滿，口感更濕潤美味。

關於義大利手工蛋糕

國家 義大利
製作順序 蛋糕→烘烤
主原料 杏仁膏、奶油、細砂糖、麵粉、核桃、杏仁片等
由來

　這款甜點的原文是Pain de Gênes，法文直譯是熱那亞麵包，而Gênes一字，是指義大利西北部城市熱那亞（Genova）。相傳西元1800年時，法國軍隊包圍熱那亞，此處的軍民特別以大量的杏仁粉製作了這款樸實的蛋糕，獻給當時的法國將軍。外觀簡樸無華，主要以杏仁膏為材料，因此散發出濃郁的杏仁香，可當作基本蛋糕體，搭配做成其他甜點，用途很廣。

傳統義大利手工蛋糕配方

細砂糖	110g.	改良配方中加入
杏仁粉	220g.	了果乾以及核桃
低筋麵粉	30g.	等堅果，蛋糕口
玉米粉	30g.	感更豐富。
全蛋	5顆	
奶油	120g.	

Schwärzwalder Kirschtorte

黑森林蛋糕

巧克力與豐盛的鮮奶油，組合成最好吃的黑森林蛋糕，

櫻桃酒糖液與酒漬櫻桃夾餡增添風味，

不愧是蛋糕中的經典，幾乎所有人都喜愛。

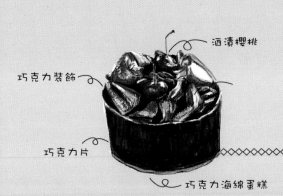

酒漬櫻桃

巧克力裝飾

巧克力片

巧克力海綿蛋糕

 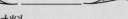

材料

巧克力海綿蛋糕

全蛋	6顆
細砂糖	160g.
橙酒	12g.
奶油	30g.
低筋麵粉	130g.
可可粉	35g.

巧克力香緹

牛奶巧克力	100g.
動物性鮮奶油	50g.
打發鮮奶油	100g.

櫻桃酒糖液

細砂糖	100g.
水	100g.
香草棒	少許
櫻桃酒	50g.

其他

巧克力裝飾	適量
酒漬櫻桃	適量
新鮮櫻桃	適量

數量 6吋，2個

溫度與時間 170℃，35分鐘

難易度 ★★★多加練習就能成功！

適合何時吃＆保存多久
放在保鮮盒內，可冷藏保存3天；放在室溫下
食用，不宜超過4小時。

做法

製作巧克力海綿蛋糕
Chocolate Sponge Cake

1

全蛋、細砂糖倒入
鋼盆中，隔水加熱
至55℃。

2

以球狀攪拌頭攪打
至硬性發泡。

3

依序拌入橙酒、融
化奶油，以及混合
過篩的麵粉、可可
粉，以橡皮刮刀拌
勻成麵糊。

4

將麵糊倒入模型
中，放入烤箱，以
170℃烘烤約35分
鐘。

Schwärzwalder Kirschtorte

組合Mix

10
將巧克力海綿蛋糕橫切成三等分。

製作巧克力香緹
Chocolate Chantilly Cream

5
將牛奶巧克力、鮮奶油一起隔水加熱，或者以微波加熱融化。

11
在每片蛋糕上，塗抹些許櫻桃酒糖液。

6
等冷卻凝固後，再加入打發鮮奶油。

12
接著塗抹巧克力香緹。

7
以橡皮刮刀輕輕拌勻即可。

13
排放酒漬櫻桃。

製作櫻桃酒糖液
Kirsch Sugar Syrup

8
細砂糖、水和香草籽倒入鍋中，煮沸。

Qui, Chef!
重點提示

1. 製作蛋糕體時，奶油必須保持在約70℃，油脂比較不會沉入底部。
2. 巧克力微波或隔水加熱的溫度，不可超過50℃。
3. 蛋糕出爐後輕輕敲一下，然後倒扣於蛋糕冷卻架上，完全冷卻後，建議先放入冰箱冷凍至凝固，再取出切片、組合。

9
等冷卻後，再加入櫻桃酒混勻即可。

14

蓋上第二片蛋糕，再依序塗抹巧克力香緹，排放酒漬櫻桃，一共三層蛋糕＋兩層夾餡。

15

蛋糕表面再塗抹些許巧克力香緹。

16

蛋糕側面也塗抹巧克力香緹，最後以巧克力片、酒漬櫻桃和新鮮櫻桃裝飾即成。

關於黑森林蛋糕

國家 德國

製作順序 蛋糕→巧克力香緹→櫻桃酒糖液→組合

主原料 全蛋、砂糖、麵粉、牛奶巧克力、可可粉、櫻桃酒、鮮奶油等

由來

　　這一款蛋糕的辨別度相當高，蛋糕表面以滿滿的黑巧克力裝點，看起來有如一座黑森林，是全世界最知名、最受歡迎的經典蛋糕之一。

　　其實，黑森林蛋糕最早盛行於德國，而且，當初的名稱是黑森林櫻桃蛋糕。據說，德國境內有一處地名，就叫作「黑森林」，而黑櫻桃正是當地的特產。西元1930年代左右，有位糕點師巧妙地將黑巧克力、黑櫻桃與鮮奶油搭配，竟造就了風靡至今的蛋糕甜點。只是因為黑櫻桃的取得不如「黑森林」當地如此容易，所以有些地方的烘焙師傅就省略，而成了黑森林蛋糕。

傳統黑森林蛋糕配方

蛋糕		夾餡	
全蛋	2顆	酸櫻桃	少許
細砂糖	40g.	黑巧克力	少許
奶油	25g.	40%櫻桃酒	少許
低筋麵粉	10g.		
可可粉	10g.		

- 改良配方中將蛋糕調整較為鬆軟的口感，比較適合亞洲人的口味；是以用酒漬櫻桃取代酸櫻桃，口感更清爽。

- 這款甜點我試著以現代風格來裝飾，詮釋另一種不同的黑森林蛋糕，你也可以嘗試喔！

New York Cheese Cake

紐約乳酪蛋糕

由酥鬆的餅乾底與濃郁乳酪餡組成，
口感厚實綿密，是美式甜點中的經典。
每個家庭、糕點舖都有自己的獨特美味配方，
作者在這裡加上了莓果，以果酸平衡濃厚乳酪風味，
更呈現清爽與層次。

綜合莓果

乳酪內餡

餅乾底

數量　6吋，2個

溫度與時間　220℃，20分鐘

難易度　★簡單，新手也很容易成功！

適合何時吃＆保存多久
烘烤完成後放入冰箱冷藏，第三天取出食用風味更佳。

材料

餅乾底

奇福餅乾	150g.
二砂糖	50g.
核桃	100g.
奶油	125g.

乳酪內餡

奶油乳酪	430g.
細砂糖	105g.
全蛋	3顆
奶油	130g.
低筋麵粉	5g.

其他

優格	少許
綜合莓果	少許

做法

製作餅乾底
Cookie Crust

1

核桃放入烤箱，以160℃烘烤約15分鐘，取出降溫後壓碎。

2

奇福餅乾放入食物調理機中打碎。

3

再加入核桃、二砂糖混合。

4

加入融化奶油。

5

混合拌匀成餅乾底。

6

將餅乾底壓入模型內,以刮刀稍微壓平。

製作乳酪餡Cheese

7

將乳酪、細砂糖拌匀。

8

再分次慢慢加入打散的蛋液拌匀。

9

再加入融化奶油和過篩的麵粉,拌匀成稠狀麵糊。

10

將麵糊倒入餅乾底內。

烘烤Bake

11

將做法10倒入模型約八分滿,放入烤箱,以220℃烘烤約20分鐘,至上色即成,取出放至冷卻。

塗抹優格藍莓
Yogurt and Berries

12

將優格與莓果拌匀,然後塗抹在冷卻的蛋糕上即成。

Qui, Chef!
重點提示

1. 在做法7乳酪和細砂糖攪拌過程中,要刮鋼盆約3次,可避免浪費食材。
2. 模型建議使用慕斯框,並在底部包覆錫箔紙,以利冷卻後脫模。

關於紐約乳酪蛋糕

國家 美國
製作順序 餅乾底→乳酪餡→烘烤→藍莓優格
主原料 奇福餅乾、二砂糖、麵粉、全蛋、奶油乳酪、莓果等

由來

　　這道烤至上色的紐約乳酪蛋糕，是所有重乳酪蛋糕中最知名的。關於它的起源眾說紛紜，像是古希臘時，提供雅典奧運食用而製作的。另外，也有人說這是猶太人常吃的甜點，之後因許多猶太人移居至紐約，所以有人稱它為紐約乳酪蛋糕。

傳統紐約乳酪蛋糕配方

餅乾底		乳酪餡	
奶油	100g.	奶油乳酪	200g.
餅乾屑	135g.	細砂糖	50g.
糖粉	50g.	全蛋	3顆
		低筋麵粉	少許
		奶油	少許

- 改良配方中，乳酪與奶油的用量較多，完成的甜點風味更加濃郁。
- 在餅乾底中加入堅果，品嘗時，嘴裡喀嚓喀嚓的咀嚼聲，更富口感。

Gateaux Saint Marc

聖馬克蛋糕

百香果醬、榛果慕斯與檸檬餡的風味交錯重疊，

每一種都是那麼的鮮明，卻又異常融合。

杏仁海綿蛋糕散發出的柔和杏仁香氣，

讓這道甜點美味之餘更顯優雅。

材料

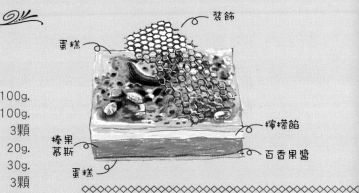

杏仁海綿蛋糕
杏仁粉	100g.
糖粉	100g.
全蛋	3顆
奶油	20g.
低筋麵粉	30g.
蛋白	3顆
細砂糖	15g.

百香果醬
香草棒	少許
芒果泥	60g.
新鮮百香果	65g.
細砂糖	10g.
果膠粉	3g.

榛果慕斯
鮮奶	165g.
動物性鮮奶油	465g.
細砂糖	30g.
蛋黃	70g.
吉利丁片	8g.
榛果醬	240g.

檸檬餡
檸檬汁	135g.
細砂糖	95g.
全蛋液	105g.
吉利丁片	7.5g.
奶油	30g.
動物性鮮奶油	280g.

數量 20×15×5公分，2個

溫度與時間 200℃，12分鐘

難易度 ★★★多加練習，就能成功！

適合何時吃＆保存多久
適合冷藏品嘗，可先放冷凍約20分鐘再取出享用，風味更佳。可冷凍保存約7天。

做法

製作蛋糕 Cake

1

做法參照p.22，完成麵糊後，放入烤箱，以200℃烘烤12分鐘。取出放涼備用。

製作百香果醬
Passion Fruit Jam

2
取出香草籽，然後與去掉籽的新鮮百香果、芒果泥混合。

3
將做法2隔水加熱至50℃。

4
加入混合好的細砂糖和果膠粉。

5
一邊加入一邊快速攪拌，煮至沸騰即可，冷卻備用。

製作榛果慕斯
Hazelnut Mousse

6
吉利丁片泡冰水至軟化，備用。

7
將鮮奶、165g.鮮奶油、細砂糖和蛋黃，隔水加熱至85℃。

8
離火，加入擠乾水分的吉利丁片、榛果醬拌勻。

9
等做法8降至約30℃，加入300g.打至微發的鮮奶油拌勻即可。

關於聖馬克蛋糕

國家 法國

製作順序 蛋糕→百香果醬→榛果慕斯→檸檬餡→組合

主原料 杏仁粉、二砂糖、麵粉、全蛋、檸檬汁、鮮奶、鮮奶油、榛果醬等

由來

　　相傳這道甜點，與威尼斯的守護神——聖馬克（Saint Marc）有關。由於傳統蛋糕的外觀「在杏仁海綿蛋糕上擠入巧克力鮮奶油、鮮奶油兩層，再蓋上另一片杏仁海綿蛋糕，表層再鋪一層烤得香脆的焦糖。」與威尼斯廣場的建築物很相似，所以有了這個名稱。

傳統聖馬克蛋糕配方

香草慕斯		巧克力慕斯	
鮮奶	300g.	巧克力	280g.
細砂糖	100g.	鮮奶	250g.
香草棒	少許	吉利丁片	3g.
蛋黃	3顆	鮮奶油	50g.
鮮奶油	200g.		

● 夾餡部分，傳統配方多以香草與巧克力搭配，我在改良配方中，以熱帶水果餡配上榛果醬、檸檬餡，酸甜對比更明顯。

製作檸檬餡
Lemon Sauce

10

將105g.檸檬汁、細砂糖倒入鍋中,加熱至沸騰。

16

以模型將蛋糕切出所需的形狀。

11

再慢慢倒入全蛋液中,以打蛋器拌勻。

17

將一片蛋糕放入模型內,抹上百香果醬。

12

整鍋邊攪拌邊再次加熱至85℃。

18

倒入榛果慕斯至約七分高,抹平,放入冰箱冷凍冰硬。

13

離火,加入泡軟並擠乾水分的吉利丁片,拌勻。

19

放入檸檬餡至約九分滿。抹平。

14

加入冰奶油、30g.檸檬汁拌勻。

20

最後蓋上另一片蛋糕。

15

輕輕拌入稍微打發的鮮奶油,以均質機拌勻即可。

21

放入冰箱冷凍冰硬,撒上糖粉(分量外),以噴槍噴一下,再稍微裝飾即成。

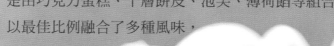

Saint Honoré

聖奧諾雷

是由巧克力蛋糕、千層餅皮、泡芙、薄荷餡等組合，
以最佳比例融合了多種風味，
兼具美感與可口。

橙酒香緹餡
泡芙
巧克力蛋糕
千層餅皮

數量 6吋，1個

溫度與時間 千層餅皮：200℃，10分鐘後調整為180℃，15分鐘；巧克力蛋糕：180℃，20～25分鐘；泡芙：200℃，10分鐘後調整為170℃，20分鐘

難易度 ★★★多加練習，就能成功！

適合何時吃＆保存多久
適合常溫下品嘗，可冷藏保存3天。

材料

千層餅皮（200克）		卡士達餡	
低筋麵粉	85g.	鮮奶	65g.
鹽之花	1g.	細砂糖	15g.
奶油	16g.	蛋黃	10g.
水	40g.	玉米粉	7g.
奶油（裹入油）	60g.	香草棒	少許
低筋麵粉（裹入油）	20g.	奶油	27g.

巧克力蛋糕（6吋2片）		覆盆子醬	
奶油	45g.	覆盆子果泥	125g.
鮮奶	15g.	細砂糖	10g.
水	30g.	果膠粉	2g.
可可粉	15g.		
低筋麵粉	60g.	薄荷餡	
蛋黃	75g.	薄荷葉	少許
蛋白	150g.	白巧克力	70g.
細砂糖	65g.	吉利丁片	3g.
		動物性鮮奶油	175g.

泡芙			
鮮奶	75g.	橙酒香緹餡	
水	75g.	動物性鮮奶油	250g.
鹽之花	1g.	細砂糖	5g.
細砂糖	6g.	香橙酒	10g.
奶油	70g.	香草棒	少許
低筋麵粉	95g.		
全蛋	150g.		

做法

製作千層餅皮 Puff Pastry

1 做法參照p.26，完成麵團後，擀成大約1.5公分厚，50×4公分的餅皮，放入烤箱，以200℃烘烤10鐘後，調整為180℃烘烤15分鐘。取出放涼備用。

製作蛋糕 Cake

2 做法參照p.22，完成麵糊後，然後放入烤箱，以180℃烘烤20～25分鐘。取出放涼備用。

製作泡芙Puff

3
將鮮奶、水、鹽之花、細砂糖和奶油倒入鍋中，加熱至完全沸騰。

4
加入過篩的麵粉，一邊煮一邊用耐熱刮刀攪拌，煮至鍋內形成薄膜。

5
再放入鋼盆中，以槳狀攪拌頭快速攪拌，並且慢慢加入全蛋液拌勻成麵糊。

6
麵糊倒入裝了平口花嘴的擠花袋中，於烤盤上擠出所需大小，再放入烤箱，以200℃烘烤10分鐘後，調整為170℃烘烤20分鐘。

製作覆盆子醬Raspberry Sauce

7
做法參照p.77，完成覆盆子醬。

製作薄荷餡Mint Cream

8
將175g.鮮奶油、薄荷葉用果汁機打碎，過篩。

9
吉利丁片放入冰水中泡軟，擠乾水分。

10
將做法8煮至沸騰後，倒入做法9拌勻。

11
等降溫至40℃，加入白巧克力拌勻。

12
等冷卻後，加入175g.稍微打發的新奶油拌勻即可。

Qui, Chef!
重點提示

1. 做法11.中，加入白巧克力後要以均質機乳化。此外，必須等做法8.的薄荷鮮奶油降溫至40℃，才能加入白巧克力，以免溫度過高，易讓巧克力油脂分離。
2. 裝飾完成的甜點，可以冷藏保存約3天。

製作卡士達餡Custard Cream

13
做法參照p.29，
完成卡士達餡。

製作橙酒香緹餡
Cointreau Chantilly Cream

14
所有食材放入
鋼盆中，再加
入香橙酒。

15
用球狀攪拌頭
以慢速攪打至
七分發。

組合Mix

16
取一個中空模
型，先放入烤
好的千層餅皮
圍邊。

17
鋪入一片巧克力
蛋糕，擠入些許
覆盆子醬。

18
倒入些許薄荷餡
至模型9分滿。

19
再放入巧克力
蛋糕，放入冰
箱冷凍定型。

20
在邊緣先排上8
個泡芙圍邊，
再擠入橙酒香
緹餡即成。

關於聖奧諾雷

國家 法國

製作順序 千層餅皮→蛋糕→泡芙→覆盆子醬
→薄荷餡→卡士達餡→橙酒香緹餡→組合

主原料 麵粉、全蛋、奶油、可可粉、覆盆子
果泥、鮮奶、鮮奶油、薄荷葉等

由來

　　大約在18世紀中期，法國巴黎一條名為聖
奧諾雷（Saint-Honoré）的街上，有家店發明
了這一款甜點，因此以此街為名。

　　一開始，聖奧諾雷上面，原本放的是布里
歐麵包，不過因為布里歐麵包在吸了奶油之
後，就會變得過於濕軟，失去口感，所以後
來才改放小泡芙。為了讓上面的奶油呈現立
體感，擠花時，還有聖奧諾雷專屬擠花嘴，
這也是聖奧諾雷的特色之一。

傳統聖奧諾雷配方

千層餅皮	100g.
泡芙麵團	200g.
（可做6顆）	
卡士達餡	300g.
香緹鮮奶油	150g.

● 在改良配方中添加
了自製水果餡與薄
荷餡，更豐富味
覺。此外，外型也
有所改變。

Tarte au Flan

法式芙蓉塔

口感軟嫩的布丁餡填入酥鬆的鹹塔皮中，
基本的組合卻令人吃不膩。由於材料易買、做法簡單，
是新手極易成功的經典法式家常甜點。

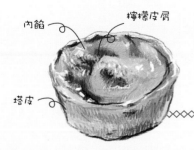

內餡
檸檬皮屑
塔皮

數量 直徑10×3公分，7個
溫度與時間 塔皮：200℃，10分鐘，取出米粒或重石，再繼續烘烤10分鐘；含餡：200℃，8分鐘

難易度 ★簡單，新手也很容易成功！

適合何時吃＆保存多久
適合溫熱品嘗，但也可以冷藏後再享用，可冷凍保存約3天。

材料

鹹塔皮

奶油	140g.
鹽之花	2.5g.
水	35g.
低筋麵粉	190g.

內餡

蛋黃	40g
蛋黃粉	30g.
鮮奶	250g.
動物性鮮奶油	160g.
細砂糖	50g.
香草棒	少許

做法

製作鹹塔皮 Shortcrust Pastry

1

做法參照p.25，完成麵團後，壓入直徑10×3公分的模型中，放入烤箱，以200℃烘烤10分鐘後，拿掉米粒或重石再繼續烘烤10分鐘。取出放涼備用。

Qui, Chef! 重點提示

1. 蛋黃粉可以在雜糧行購買到。
2. 製作內餡時，為了避免過程中煮燒焦，記得要一邊攪拌一邊煮。火的大小則不可超過鍋子的底部。

關於法式芙蓉塔

國家 法國
製作順序 鹹塔皮→盲烤→內餡→組合→烘烤
主原料 奶油、麵粉、蛋黃粉、蛋黃、鮮奶、鮮奶油等
由來

　　又叫作法式蛋塔、法國布丁塔，常見於一般法國家庭、法式甜點店。緣起於法國中世紀法國國王亨利四世的加冕典禮，也曾出現6世紀時的古詩中，可以說是歷史悠久的傳統點心。

製作內餡 Filling

2

蛋黃粉、蛋黃和些許鮮奶倒入鍋盆中拌勻。

3

將剩餘的鮮奶、鮮奶油和香草籽、細砂糖倒入鍋中，以小火煮至沸騰。

4

將做法3倒入做法2中，快速拌勻。

5

整鍋移回爐火上，煮至沸騰後離火，完成內餡。

組合＆烘焙 Mix&Bake

6

將內餡倒入做法1已經烤半熟的塔皮內，放入烤箱，以200℃烘烤約8分鐘即可。

7

出爐後，可撒入些許檸檬皮屑（分量外）。

Sweet Potato Pecan Tart

地瓜胡桃塔

這道甜點中加入了台灣盛產的地瓜，
讓平凡的地瓜變成最佳主角，
再搭配美味的胡桃餡，讓口感更豐富！
建議品嘗時，
可以搭配蔬果沙拉一起享用。

數量 7吋，1個

溫度與時間 塔皮：200℃，10分鐘，取出米粒或重石，再繼續烘烤10分鐘；含餡：180℃，20分鐘

難易度 ★簡單，新手也很容易成功！

適合何時吃＆保存多久
適合冷藏過後品嘗，建議搭配沙拉享用，可冷凍保存約4天。

做法

製作鹹塔皮 Salty Pastry

1

做法參照p.25，完成麵團後，壓入7吋的菊花塔模中，放入烤箱，以200℃烘烤10分鐘後，拿掉米粒或重石再繼續烘烤10分鐘。取出放涼備用。

材料

鹹塔皮		胡桃餡	
奶油	95g.	奶油	50g.
鹽之花	2.5g.	胡桃	170g.
水	25g.	全蛋	3顆
低筋麵粉	125g.	細砂糖	80g.
		楓糖漿	100g.
地瓜餡		肉桂粉	少許
熟地瓜	3顆	香草棒	少許
薑末	少許		

製作地瓜餡 Sweet Potato Filling

2
地瓜烤熟後剝皮，以篩網壓成泥狀，放入鍋中。

3
再拌入些許薑末調味即可。

製作胡桃餡 Pecan Filling

4
奶油融化成液體狀備用。

5
將所有食材放入另一鍋中。

6
加入融化奶油，用橡皮刮刀拌勻即可。

組合&烘焙 Mix&Bake

7
取出已經烤半熟的塔皮。

8
先在底部均勻鋪上地瓜餡。

9
再放入胡桃餡，放入烤箱，以180℃烘烤約20分鐘即可。

Qui, Chef! 重點提示

1. 地瓜建議以烘烤烤熟，使水分減少，味道會更香。
2. 製作胡桃餡時，可以加入適量不同堅果，更豐富口感與香氣。

關於地瓜胡桃塔

國家 法國

製作順序 鹹塔皮→盲烤→地瓜餡→胡桃餡→組合→烘烤

主原料 奶油、麵粉、地瓜、胡桃、全蛋、細砂糖、楓糖漿等

Green Grape Tart

麝香綠美人塔

這道甜點最吸引人之處，莫過於清新香氣、果肉多汁的麝香葡萄。
覆盆子果泥和杏仁餡的畫龍點睛，真是絕妙的搭配。

綠葡萄
甜塔皮
布蕾

2

做法參照p.29，完成法式杏仁餡。

數量　6吋，2個

溫度與時間　塔皮：200℃，15分鐘；含餡：180℃，15分鐘

難易度　★★小心製作，不容易失敗！

適合何時吃＆保存多久
適合冷藏品嘗，可冷凍保存約5天。

製作覆盆子醬 Raspberry Sauce

材料

甜塔皮		覆盆子醬	
奶油	90g.	覆盆子果泥	125g.
細砂糖	60g.	細砂糖	10g.
鹽之花	1.5g.	果膠粉	2g.
全蛋	30g.		
低筋麵粉	150g.	布蕾	
杏仁粉	35g.	二砂糖	20g.
		果膠粉	1.5g.
杏仁餡		蛋黃	30g.
奶油	45g.	香草棒	少許
糖粉	45g.	動物性鮮奶油	150g.
蛋黃	20g.		
低筋麵粉	25g.	其他	
杏仁粉	30g.	新鮮綠葡萄適量	
酒漬葡萄乾	30g.		
蛋糕粉	45g.		

3

細砂糖、果膠粉先混合。

4

將覆盆子果泥倒入鍋中，加熱至50℃。

5

將做法3加入做法4中，一邊快速攪拌，一邊以中火加熱至完全沸騰，離火。

做法

製作甜塔皮 Sweet Shortcrust Pastry

1

做法參照p.24，完成麵團後壓入6吋模型內，塔皮底部戳洞，放入烤箱，以200℃烘烤15分鐘。取出放涼備用。

6

放置冷卻後再使用。

製作布蕾Burnt Cream

7
二砂糖、果膠
粉先混合。

8
蛋黃、香草籽
倒入容器中拌
勻。

9
鮮奶油倒入鍋
中煮至溫熱，
倒入做法8中拌
勻。

10
再次加熱，一
邊煮一邊倒入
做法7，煮至
85℃後離火。

11
離火後，倒入
直徑5吋的矽膠
模內（或用5
吋中空模，底
部包保鮮膜使
用），放入冰
箱冷凍冰硬。

組合&烘焙 Mix&Bake

12
取出已經烤半
熟的塔皮，倒
入杏仁餡，放
入 烤 箱 ，以
180℃烘烤15
分鐘。等冷卻
後塗抹覆盆子
醬，再倒入布
蕾抹平，放入冰
箱冰至凝固。

13
再取出以綠葡
萄裝飾即成。

Qui, Chef! 重點提示

1. 覆盆子醬可以冷藏保存約1星期；布蕾
則可冷凍保存。
2. 煮布蕾的過程中，必須一邊不斷攪拌一
邊煮，否則蛋黃會過熟，導致失敗。

關於麝香綠美人塔

國家 法國
製作順序 甜塔皮→杏仁餡→覆盆子醬→布蕾
→組合→烘烤
主原料 奶油、麵粉、杏仁粉、覆盆子果泥、
蛋黃、酒漬葡萄乾、綠葡萄等

Tarte Alsacienne

亞爾薩斯乳酪塔

濃厚清香的白乳酪是這款甜點的最佳主角，
品質好壞的白乳酪成了美味的關鍵。
檸檬香的內餡配酒漬櫻桃，
使這款乳酪塔即使多吃也不會膩口。

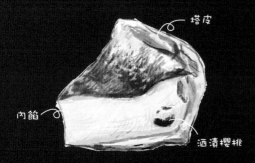

塔皮

內餡

酒漬櫻桃

做法

製作鹹塔皮 Shortcrust Pastry

1

做法參照p.24，完成麵團後，取250g.麵團壓入6吋模型內，切掉多出模具邊緣的塔皮。

2

塔皮底部戳洞，鋪上烘焙紙，倒入米粒或重石。

3

放入烤箱，以200℃烘烤12分鐘至半熟。取出放涼備用。

數量 6吋×高5公分，1個

溫度與時間 塔皮：200℃，12分鐘；含餡：230℃，烤至上色，再以170℃，30分鐘

難易度 ★簡單，新手也很容易成功！

適合何時吃＆保存多久
適合冷藏品嘗，搭配果醬、鮮果更美味。可冷凍保存約7天。

製作內餡 Filling

4

將所有食材依序放入鋼盆中。

材料

鹹塔皮
奶油	95g.
鹽之花	2.5g.
水	25g.
低筋麵粉	125g.

內餡
白乳酪	260g.
動物性鮮奶油	80g.
細砂糖	40g.
玉米粉	20g.
全蛋	80g.
香草棒	少許
檸檬皮	少許

其他
市售酒漬櫻桃	些許

5

以打蛋器拌勻即可，備用。

組合＆烘焙Mix&Bake

6 取出已經烤半熟的塔皮。

7 在底部放入酒漬櫻桃。

8 倒入內餡至滿，抹平。

9 放入烤箱，先以230℃烘烤至上色，關掉烤箱，再以170℃烘烤約30分鐘至熟即成。

Qui, Chef! 重點提示

1. 如果沒有白乳酪，可以用奶油乳酪替代。
2. 每台烤箱溫度與特性皆不同，必須隨時注意烘烤上色的時間。

關於亞爾薩斯乳酪塔

國家 法國
製作順序 鹹塔皮→內餡→組合→烘烤
主原料 奶油、麵粉、白乳酪、鮮奶油、全蛋、細砂糖等
由來
　　這道外觀樸實的甜點，是靠近德國的亞爾薩斯地方知名的傳統食品。它運用了最早的乳酪：白乳酪製作，而白乳酪大量用在甜點烘焙則是從18世紀開始。

傳統亞爾薩斯乳酪塔配方

內餡

白乳酪	400g.
細砂糖	75g.
全蛋	4顆
玉米粉	30g.
檸檬汁	少許

● 改良配方中加了鮮奶油，口感更滑順；而減少砂糖的用量，並且搭配鹹塔皮，甜點整體較不膩口、餅皮更酥脆。

Tarte à la Praline Lyonnaise

里昂榛果塔

里昂的知名傳統點心！

以紅色榛果餡為主材料，散發核果香氣，

搭配清新的檸檬餡，喜愛堅果與微酸的你

更會從此愛上它。

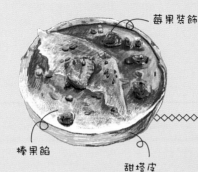

莓果裝飾

榛果餡

甜塔皮

數量　7吋，1個

溫度與時間　190℃，15分鐘；再改成
190℃，3分鐘

難易度　★★小心製作，不容易失敗！

適合何時吃＆保存多久
適合冷藏品嘗，可冷凍保存約7天。

做法

混合塗料Coating

1

奶油融化後，
加入蛋黃拌勻
即可。

材料

塗料
蛋黃	1顆
融化奶油	20g.

甜塔皮
奶油	60g.
細砂糖	40g.
鹽之花	1g.
全蛋	22g.
低筋麵粉	100g.
杏仁粉	25g.

檸檬餡
新鮮檸檬汁	40g.
細砂糖	10g.
全蛋	1顆
白巧克力	50g.

榛果餡
榛果杏仁脆糖	150g.
動物性鮮奶油	150g.

製作甜塔皮Sweet Shortcrust Pastry

2

做法參照p.24，
完成麵團後壓
入7吋的模型
內，塔皮底部
戳洞，放入烤
箱，以190℃烘
烤15分鐘。

3

在塔皮上抹塗
料，再次放入
烤箱，以190℃
烘烤3分鐘，取
出放涼備用。

製作檸檬餡Lemon Sauce

4
檸檬汁、細砂糖倒入鍋中，加熱至完全沸騰，離火。

5
慢慢倒入打散的全蛋液，一邊倒入一邊攪拌。

6
整鍋移到爐火上，以中火煮至沸騰，離火。

7
等降至40℃時，逐次分量加入白巧克力，以均質機拌勻。

製作榛果餡Hazelnut Cream

8
將榛果杏仁脆糖、鮮奶油放入鍋中。

9
加熱至104℃後離火。

組合Mix

10
取出已經烤半熟的塔皮，取出檸檬餡倒入，抹平後放入冰箱冷凍冰硬。

11
等定型後取出，放入榛果餡。

12
以湯匙背抹平表面。

13
可依各人喜好裝飾表面，像是開心果碎、新鮮草莓或冷凍覆盆莓等。

關於里昂榛果塔

國家 法國

製作順序 塗料→甜塔皮→檸檬餡→榛果餡→組合

主原料 奶油、麵粉、杏仁粉、全蛋、蛋黃、白巧克力、鮮奶油、檸檬、榛果粒等

由來

里昂榛果塔起源自法國第二大城——里昂。在里昂舊城區，有一家名為Boulangerie du Palais的烘焙店，榛果塔是熱銷商品，店門口往往大排長龍。歐洲盛產榛果，以榛果製作的商品很多，榛果塔就是其中之一。迷人的口感，多年來征服許多人的心。

1. 製作檸檬餡時，必須先將檸檬汁煮沸。此外，使用均質機攪拌，可使檸檬餡質地更柔軟、香味更充足。
2. 如果沒有紅色榛果粒，也可以使用一般榛果粒製作。

傳統里昂榛果塔配方

甜塔皮

奶油	270g.
糖粉	135g.
全蛋	2顆
低筋麵粉	400g.

● 塔皮的配方中，可以用砂糖取代糖粉，再添加杏仁粉，完成的塔皮會更酥脆。另外，這個配方也可以製作餅乾。

● 除了傳統的榛果餡，在改良配方中加入了檸檬餡，雙重風味完美組合。

國王餅

每年主顯節前後必吃的節慶糕點。
外層是千層酥，內餡以杏仁奶油為主，
一口吃下，發現當中藏著的小動物
或是小娃娃陶偶，總令人欣喜。

Galette des Rois

千層餅皮

數量　8吋，1個

溫度與時間　200℃，25分鐘

難易度　★★★多加練習，就能成功！

適合何時吃＆保存多久

適合常溫品嘗，常溫下可保存3天，要吃時再取出回烤。

材料

千層餅皮

低筋麵粉	145g.
鹽之花	1.5g.
奶油	30g.
水	65g.
奶油（裏入油）	100g.
低筋麵粉（裏入油）	25g.

卡士達餡

鮮奶	65g.
細砂糖	15g.
蛋黃	10g.
玉米粉	7g.
香草棒	少許
奶油	27g.

法式杏仁餡

奶油	60g.
T.P.T	110g.
（等量的糖粉、杏仁粉）	
玉米粉	5g.
全蛋	1顆
卡士達餡	70g.
酒漬葡萄乾	少許

鳳梨百香果餡

新鮮鳳梨	200g.
新鮮百香果肉	50g.
綠胡椒	5g.

做法

製作千層餅皮Puff Pastry

1

做法參照p.26，完成麵團後，放入冰箱鬆弛，備用。

製作卡士達餡Custard Cream

2

做法參照p.29，完成卡士達餡。

87

製作法式杏仁餡
Almond Cream Filling

3
奶油切小丁，與糖粉、杏仁粉和玉米粉放入鋼盆中。

4
以槳狀攪拌頭打發。

5
慢慢加入打散的全蛋液，不時刮鋼盆壁，一邊攪拌。

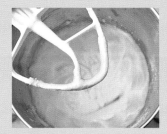

6
再一次打發。

7
然後倒入卡士達餡、酒漬葡萄乾翻拌均勻即可。

製作鳳梨百香果餡
Pineapple and Passion Fruit Sauce

8
鳳梨切小丁。

9
倒入百香果肉、綠胡椒拌勻即可。

Qui, Chef! 重點提示

1. 做法10擀壓餅皮時，一定要稍微鬆弛，不然餅皮會縮。
2. 餅皮塗抹蛋液時，也可改用蛋黃：鮮奶油1：1的比例塗抹，烘烤顏色會更均勻。
3. 如果選用上下火的烤箱，可先用210℃烤至微微上色，再降至180℃繼續烘烤至酥脆。
4. 出爐後的國王餅可以刷上煮沸的糖液（細砂糖：水1：1.5），表面會呈現光澤。

傳統國王餅配方

內餡

奶油	90g.	低筋麵粉	30g.
糖粉	90g.	杏仁粉	70g.
蛋黃	40g.	蘭姆酒	少許

● 改良配方在內餡部分加入卡士達餡，口感更柔軟；加入水果丁，可稍微降低甜味，風味更具層次。

組合&烘焙Mix&Bake

10
將千層餅皮麵團擀壓成1cm厚，鬆弛約5分鐘。

11
切出2片8吋的圓形餅皮。

12
取1片餅皮鋪在底，把法式杏仁餡填入擠花袋中，擠在餅皮上。

13
表面放入鳳梨百香果餡，放入小陶瓷娃娃。

14
在邊緣刷上些許蛋液（分量外）。

15
蓋上餅皮，以6吋模型先壓出邊緣。

16
在表面先刷一層蛋液，等乾了再刷一層蛋液（分量外）。

17
準備在餅皮上畫紋路。用叉子在餅皮邊緣壓上線條。

18
中間以竹籤再畫上紋路，放入烤箱，以200℃烘烤約25分鐘即可。

❧

關於國王餅

國家 法國

製作順序 千層餅皮→卡士達餡→法式杏仁餡→鳳梨百香果餡→組合→烘烤

主原料 奶油、麵粉、杏仁粉、玉米粉、蛋黃、鮮奶、鳳梨、百香果等

由來

在法國，國王餅是非常有趣的一道甜點。相傳在古羅馬時期，大約農神節前後，人們會製作一份糕點，外層是千層酥，內餡則以杏仁奶油為主，並在糕點中放入蠶豆，分切給大家吃。吃到蠶豆的人，就可以享有「一日國王」的特權。

後來，基督教統治歐洲，聖經中記載，三位國王在救世主出現前，從夜空中看到一顆閃亮的星星，他們因而趕到耶穌誕生地慶賀。由於抵達的日子是一月六日，因此將這一天訂為主顯節。每到這一天前後，人們就以製作國王餅來慶祝，只是，這時的蠶豆已經改成陶瓷人偶。

蝴蝶酥

層層酥皮散發出奶油香，以及鬆酥的口感，
是歐洲很常見的小點心。
像蝴蝶、葉片、大象耳朵的可愛的外型，
非常討喜！

Palmier

千層餅皮　肉桂糖

數量　約15片

溫度與時間　200℃，10分鐘，再以180℃，15分鐘

難易度　★★
小心製作，不容易失敗！

適合何時吃&保存多久
適合常溫品嘗，可用密封袋加乾燥劑，保存約20天。

材料

千層麵團

高筋麵粉	140g.
低筋麵粉	230g.
細砂糖	30g.
奶油	250g.
冷水	170g.

肉桂糖

細砂糖	100g.
二砂糖	100g.
肉桂粉	少許

做法

製作千層餅皮 Puff Pastry

1

奶油切小丁，放入冰箱冷凍備用。

2

將冰凍的奶油、其他所有食材倒入鋼盆中，以槳狀攪拌頭稍微翻拌成團，以保鮮膜包好，放入冰箱冷藏約30分鐘鬆弛。

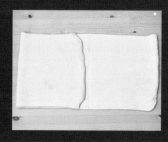

3

首先，用手壓平麵團，做第一次三折。先將左邊餅皮向中間折。

4

接著，右邊餅皮向中間折，完成一次三折。

5

一共三折四次，壓好餅皮，放入冰箱冷藏約30分鐘。

6

再三折二次，
鬆弛30分鐘。

7

再三折二次，
鬆弛30分鐘，
總 共 三 折 八
次。

整型＆烘焙Shaping&Bake

8

取出餅皮，擀
成長50×寬25
公分。

9

左右二邊餅皮
以三折方式往
中間折入。

10

二邊再折入形
成U字形，然
後放入冰箱冷
凍約10分鐘。

製作肉桂糖Cinnamon Sugar

11

細砂糖、二砂
糖和肉桂粉混
合，餅皮表面先
沾裹肉桂糖。

12

切成適合大小
的片狀。

13

再次沾裹適量
肉桂糖。

14

放入烤箱，先
以200℃烘烤
10分鐘，再調
降至180℃烘
烤 15 分 鐘 即
成。

Qui, Chef! 重點提示

1. 必須使用冰奶油操作，取出切成小丁，
   切完後再次放回冰箱冷藏備用。
2. 擀壓麵團時，可在桌面撒上一點點手粉
   （高筋麵粉），有助於折疊、擀壓，再
   以毛刷刷掉多餘的手粉即可。
3. 三折麵團必須有耐心，並且讓麵團有足
   夠的時間鬆弛，不然會回縮，或者擀的
   時候破掉。
4. 最後完成的千層餅皮麵團，可以放入冰
   箱冷凍保存，最長可保存1個月。

關於蝴蝶酥

國家 法國

製作順序 千層餅皮→肉桂糖→
整型→烘烤

主原料 奶油、麵粉、細砂糖、
二砂糖、肉桂粉等

由來

　　這道甜點的源由眾說紛紜，
但大約是20世紀初時出現的。
Palmier一字是「棕櫚葉」的意
思。據說是一邊看著棕櫚葉的
葉片，一邊操作這道甜點，因
而有此名字。除了葉片，也有
人說它像蝴蝶、大象或豬耳朵
等，是歐洲甜點店的基本款，
很容易買到。

傳統蝴蝶酥配方

千層麵團

高筋麵粉	140g.
低筋麵粉	230g.
細砂糖	30g.
奶油	250g.
冷水	170g.

● 傳統配方是以千層擀折方式，因為加入了
　裹入油，操作難度更高，加上烘烤過程中
　會膨脹不一，比較難控制。改良配方則省
　去了裹入油，容易成功，而且因為用了好
　油脂，口感佳、香氣充足。

Tarte Tatin

翻轉蘋果塔

與傳統的翻轉蘋果塔不同。

這裡選用了香酥的千層餅皮，

清甜微酸的青蘋果片，

滴入適量橄欖油，蘋果餡口感更佳。

蘋果片

香緹鮮奶油

焦糖液

塔皮

材料

鹹塔皮

奶油	40g.
低筋麵粉	40g.
鹽之花	1g.
水	20g.

焦糖液

細砂糖	100g.
橄欖油	10g.
奶油	25g.
鹽之花	少許

其他

青蘋果	6顆
橄欖油	30g.
紅蘋果	適量

數量 16×6.5×5.5公分

溫度與時間 塔皮：200℃，18分鐘；蘋果餡：160℃，35～40分鐘

難易度 ★★★多加練習，就能成功！

適合何時吃＆保存多久
適合溫熱品嘗，亦可搭配雪酪或冰淇淋享用，可冷凍保存約5天。

做法

製作鹹塔皮Shortcrust Pastry

1
奶油切小丁，放入冰箱冷凍備用。

2
將冰凍的奶油、其他所有食材倒入鋼盆中，以槳狀攪拌頭稍微翻拌成團，以保鮮膜包好，放入冰箱冷藏約30分鐘鬆弛。

3
參照p.91的做法3～4，完成三次三折。

4
每完成一次三折，必須鬆弛40分鐘。

5
壓至所需大小後扎洞，鬆弛10分鐘，放入烤箱，以200℃烘烤約18分鐘，出爐後放涼，再裁成6×15公分。

製作焦糖液Caramel Sauce

6
細砂糖倒入鍋中，以大火加熱，火不要超過鍋子底部，煮至焦糖色。

7
離火後，加入奶油、橄欖油和鹽之花拌勻。

8
倒入模型中備用。

組合＆烘焙Mix&Bake

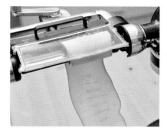

9
蘋果洗淨後切薄片狀。

10
取出做法8的模型，依序放入蘋果片。

11
排入3～4片蘋果片後滴一次橄欖油，一邊排入一邊滴橄欖油。

12
排滿，放入烤箱，以160℃烘烤35～40分鐘，出爐後倒扣脫模，放冷卻。

13
將做法12放在冷卻的做法5餅皮上。

14
再以香緹鮮奶油、開心果碎等（皆分量外），以及蘋果片捲成花朵裝飾即可。

Qui, Chef!
重點提示

1. 擀壓麵團時，可在桌面撒上一點點手粉（高筋麵粉），有助於折疊、擀壓，再以毛刷刷掉多餘的手粉即可。
2. 千層餅皮三折三次可分次擀壓，每一次三折後，可蓋上塑膠袋，再放入冰箱冷藏，然後再取出擀壓。
3. 煮焦糖時要特別謹慎，不可隨意離開煮鍋，須隨時注意焦糖顏色，以免失敗。此外，煮好的焦糖液必須馬上倒入模型內，否則焦糖液會凝結。
4. 香緹鮮奶油做法可參照p.28橙酒香緹餡，省略加入橙酒的步驟即可。

關於翻轉蘋果塔

國家 法國
製作順序 鹹塔皮→焦糖餡→組合→烘烤
主原料 奶油、麵粉、二砂糖、青蘋果、橄欖油等
由來

　　翻轉蘋果塔起源自1880年代，在法國一個小鎮，一間由兩姊妹合開，名叫Tatin的飯店，一個美麗的錯誤。當時飯店正忙，在製作傳統蘋果塔時，兩姊妹因為忙得不可開交，竟忘了爐子上，蘋果還放在奶油與糖的鍋中煮。等到發現時，蘋果已經微焦。礙於時間不夠重做，臨機一動，就將派皮蓋住蘋果去烤，烤熟後直接翻轉呈現。沒想到這麼一個失誤，卻讓客人愛上它的美味，而成了一道經典的甜點，廣為流傳至今。喜愛吃蘋果的人，相信對這道甜點一定都不陌生。

傳統翻轉蘋果塔配方

焦糖液

細砂糖	100g.	奶油	25g.
水	30g.	鹽	少許

- 傳統的翻轉蘋果塔是將蘋果切成約6等分，再依序排列於模型內，淋上焦糖液後再烘烤。此外，餅皮使用千層餅皮，改良配方中改用鹹塔皮。

- 改良配方中更改了蘋果切片的方式，再滴入些許橄欖油，品嘗時，更能充分將蘋果清脆的口感與香氣完全呈現。

Chausson au Citron

檸檬香頌派

這道法國傳統的甜點，
是喜歡千層餅皮的人不可錯過的，
裡面包入了清新的黃檸檬醬，
樸實的風味，令人一吃上癮。

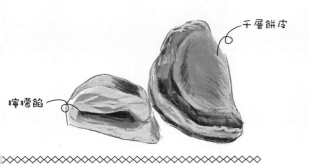

千層餅皮

檸檬餡

數量 8個

溫度與時間 200℃，20分鐘，200℃，10分鐘；再改成170℃烤至酥脆

難易度 ★★
小心製作，不容易失敗！

適合何時吃＆保存多久
適合常溫品嘗，常溫下可保存3天。

材料

千層餅皮
低筋麵粉	145g.
鹽之花	1.5g.
奶油	30g.
水	65g.
奶油（裹入油）	100g.
低筋麵粉（裹入油）	25g.

卡士達餡
鮮奶	65g.
細砂糖	15g.
蛋黃	10g.
玉米粉	7g.
香草棒	少許
奶油	27g.

檸檬醬
黃檸檬	5顆
細砂糖	50g.

做法

製作千層餅皮Puff Pastry

1
做法參照p.26，完成麵團（先不烘烤）。

製作卡士達餡Custard Cream

2
做法參照p.29，完成卡士達餡。

製作檸檬醬Lemon Sauce

3
黃檸檬洗淨，取出果肉，倒入鍋中，挑掉檸檬籽。

4
接著倒入細砂糖後加熱至沸騰且濃稠，離火。

組合＆烘焙Mix&Bake

5
放著將千層餅皮麵團擀壓成0.5公分厚，鬆弛約5分鐘。

6
用10公分的檸檬香頌橢圓形，壓模壓出形狀。

7
先在橢圓形餅皮下半部，擠上卡士達餡。

Qui, Chef!
重點提示

1. 千層餅皮擀好後，蓋上塑膠袋，放入冰箱冷藏鬆弛約20分鐘，再取出壓好形狀。
2. 卡士達餡、檸檬醬必須完全冷卻才能使用。

8
再舀入檸檬醬。

9
用毛刷在餅皮邊緣刷上蛋黃液（份量外），對折出形狀。

10
在表面刷上蛋黃液（份量外）。

11
在表面撒上細砂糖，放入烤箱，以200℃烘烤10分鐘，再調降至170℃烘烤至酥脆即可。

關於檸檬香頌派

國家 法國
製作順序 千層餅皮→卡士達餡→檸檬醬→組合→烘烤
主原料 奶油、麵粉、水、鮮奶、細砂糖、黃檸檬等
由來

　　法文的Chausson，指的是拖鞋，之所以如此取名，據說，是香頌派起源於法國一個形狀像拖鞋的地區。香頌派是法國很常見的一道甜點，各家所搭配的水果也不同，端看個人喜好，舉凡檸檬、蘋果、蜜李等都能見到。說它是法國大街小巷都可以見到蹤跡的甜點，也不為過。

傳統檸檬香頌派配方

內餡

蘋果	5顆
細砂糖	100g.
檸檬汁	少許

● 傳統的香頌派是以蘋果為內餡，有時會加入些許肉桂調味。改良配方中加入了自製檸檬醬，酸甜度可自己添加調整，搭配千層餅皮非常適合。

Sacristain

椒鹽酥條

口感酥脆的長條餅乾，

撒上義式香料、黑胡椒、紅椒粉等鹹料，

不喜歡吃甜食的人，可以試試這款法式點心！

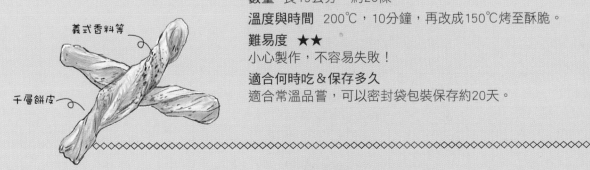

義式香料等

千層餅皮

數量 長15公分，約20條

溫度與時間 200℃，10分鐘，再改成150℃烤至酥脆。

難易度 ★★

小心製作，不容易失敗！

適合何時吃＆保存多久

適合常溫品嘗，可以密封袋包裝保存約20天。

材料

千層餅皮
高筋麵粉	140g.
低筋麵粉	230g.
細砂糖	30g.
奶油	250g.
冷水	170g.

調味料
黑胡椒	少許
鹽之花	少許
紅椒粉	少許
義式香料	少許

Qui, Chef! 重點提示

1. 必須使用冰奶油操作，取出切成小丁，切完後再次放回冰箱冷藏備用。
2. 擀壓麵團時，可在桌面撒上一點點手粉（高筋麵粉），有助於折疊、擀壓，再以毛刷刷掉多餘的手粉即可。
3. 三折麵團必須有耐心，並且讓麵團有足夠的時間鬆弛，不然會回縮，或者擀的時候破掉。
4. 最後完成的千層餅皮麵團，可以放入冰箱冷凍保存，最長可保存1個月。

做法

製作千層餅皮Puff Pastry

1 奶油切小丁，放入冰箱冷凍備用。

2 將冰凍的奶油、其他所有食材倒入鋼盆中，以槳狀攪拌頭稍微翻拌成團，以保鮮膜包好，放入冰箱冷藏約30分鐘鬆弛。

3 用手壓平麵團，做第一次三折。先將左邊餅皮向中間折。

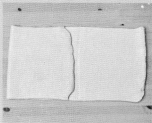

4 右邊餅皮向中間折，完成一次三折。

5 一共三折四次，擀壓好餅皮，放入冰箱冷藏約30分鐘。

6 再三折二次，鬆弛30分鐘。

7

再三折二次，鬆弛30分鐘，總共三折八次。

整型&烘焙Shaping&Bake

8

取出餅皮，擀成長20×寬10公分。

9

再切出寬約2公分的長條狀。

10

在切好的餅皮上噴些許水。

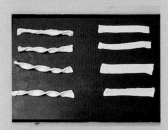

11

將長條餅皮排在烤盤上，有些可以扭成麻花條。

12

在長條餅皮上，撒上許紅椒粉。

13

在麻花條餅皮上撒些許鹽之花、義式香料等。

14

放入烤箱，先以200℃烘烤10分鐘，再調降至150℃烘烤至酥脆即成。

關於椒鹽酥條

國家 法國
製作順序 千層餅皮→整型→撒香料→烘烤
主原料 奶油、麵粉、細砂糖、黑胡椒、各式香料等
由來

　Sacristain的原意是「教堂聖具保管人」、「教堂守門人」的意思。是將千層餅皮麵團擀成長片，再切成細長條，或是扭成麻花條，再撒上乳酪粉、香料粉和砂糖、杏仁粒等去烘烤的點心。

傳統椒鹽酥條配方

高筋麵粉	240g.	乳瑪琳	280g.
低筋麵粉	160g.	（裹入油）	
全蛋	2顆	高筋麵粉	60g.
水	160g.	（裹入油）	

- 傳統配方是以千層擀折方式，因為加入了裹入油，操作難度更高，加上烘烤過程中會膨脹不一，比較難控制，改良配方則省去了裹入油，更易成功。
- 有別於撒糖粉、杏仁顆粒等甜點，改良配方中使用了鹽之花、黑胡椒、紅椒粉等香料，品嘗另一種風味。

可麗露

又叫卡納蕾、波爾多小酒桶、天使之鈴。
小小圓桶的可愛外型，焦糖酥香薄脆的外皮，
搭配香草與蘭姆酒風味的Q軟內餡，
品嘗一個就大大的滿足。

數量 8個

溫度與時間
先以220℃，20分鐘，再
改成200℃，40分鐘

難易度 ★★小心製作，
不容易失敗！

適合何時吃＆保存多久
適合常溫品嘗，可冷凍
保存約7天。

材料

鮮奶	370g.
細砂糖	160g.
香草棒	1/4支
奶油	16g.
全蛋	1顆
蛋黃	1顆
低筋麵粉	95g.
蘭姆酒	40g.
蜂蠟	適量

做法

製作麵糊Batter

1

將320g.鮮奶、細砂糖、香草籽、剖開的香草棒放入鍋中,煮至70℃,離火。

2

加入奶油拌勻,放冷卻。

3

全蛋、蛋黃和50g.鮮奶倒入盆中拌勻,再倒入一些冷卻的做法2拌勻。

4

加入過篩的低筋麵粉拌勻,再加入剩下的做法2攪拌均勻。

5

等做法4冷卻後,倒入蘭姆酒拌勻成麵糊。麵糊靜置冷藏6小時～1晚。

融化蜂蠟&烘焙
Melt Beeswax&Bake

6

將蜂蠟置於可加熱的容器內。蜂蠟加熱至125℃～130℃。

7

戴好手套,將加熱後的蜂蠟液迅速倒入銅模中至滿。

8

把銅模中的蜂蠟液迅速倒出,使銅模中形成一層保護膜。

9

將靜置好的麵糊倒入銅模中,至約九分滿。放入烤箱,先以220℃,20分鐘,再改成200℃,40分鐘。

Canelés

傳統可麗露配方

牛奶	250g.	全蛋	2顆
奶油	50g.	蛋黃	2顆
香草醬	10g.	蘭姆酒	20g.
細砂糖	250g.	鹽	適量
麵粉	100g.		

✂ 改良後的配方減少了用糖量，甜度降低；增加了蘭姆酒用量，讓酒香更明顯。

Qui, Chef!
重點提示

1. 完成的麵糊要靜置冷藏，隔天再使用，是為了讓麵糊乳化完全。麵糊在冷藏中最多可保存4天。
2. 蜂蠟入模加熱融化的溫度，會依模型材質而有異，像銅模是125℃～130℃，鐵弗龍模則是110℃。
3. 如果使用銅模，一開始需要先養模，而且養好的銅模剛開始操作數次會失敗是很正常的。
4. 市售可麗露的模型材質，除了大家都知道的昂貴銅模，另外還有鐵弗龍模、矽膠模、鋁模等，當中以銅模烘烤的可麗露口感最佳。新銅模必須養模，建議每天先塗抹奶油，放入烤箱以高溫烘烤，等冷卻後再擦拭即可。養模時間大約1～2個星期，即可正式加入烘烤行列。

關於可麗露

國家 法國
製作順序 前一晚攪拌食材麵糊→第二天製作麵糊→融化蜂蠟→烘烤
主原料 鮮奶、細砂糖、麵粉、奶油、蘭姆酒等
由來

「天使之鈴」，是可麗露另一個美麗的名字，因為外型有如教堂的鈴鐘。焦脆的外皮，包裹著的，是柔軟的內在。小小一個，味道卻豐富有層次。

關於可麗露的由來，據傳最早出現在法國波爾多地區的修道院。波爾多盛產葡萄酒，在法國，擁有許多酒廠。因為釀酒過程中有道程序只使用蛋白，於是酒廠將蛋黃送給修道院。再加上當時波爾多港口進了大量麵粉，修道院也收到許多居民送來的麵粉。於是，修女們便用麵粉與蛋黃做出一道甜點，視為可麗露的前身。

可麗露的做法曾失傳一段時間，到了20世紀初，才由一位糕點師傅重現，並添加香草與蘭姆酒，讓滋味更上一層。

Fruits Clafoutis

鮮果克拉芙緹

克拉芙緹是法國很常見的家常點心，
幾乎每個家庭都會做。
蘋果、櫻桃、水蜜桃等都可當作材料，
而且不管冷冷吃、熱熱吃都美味！

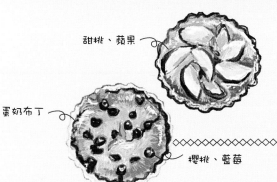

甜桃、蘋果

蛋奶布丁

櫻桃、藍莓

數量 5吋陶瓷模，約2個
溫度與時間 170℃，20分鐘
難易度 ★簡單，新手也很容易成功！
適合何時吃＆保存多久
適合常溫品嘗，亦可稍微加熱，或搭配雪
酪、冰淇淋享用。可放冷藏保存約3天。

材料

全蛋	3顆
蛋黃	2顆
細砂糖	160g.
T.P.T	100g
（等量的糖粉、杏仁粉）	
鮮奶	300g.
白酒	200g.
櫻桃、藍莓	適量
甜桃、蘋果	適量

Qui, Chef! 重點提示

如果要給小朋友吃，可將白酒換成新鮮果汁，並且糖量要稍微減少。

關於鮮果克拉芙緹

國家 法國
製作順序 麵糊→放入水果→烘烤
主原料 全蛋、蛋黃、細砂糖、糖粉、杏仁粉、鮮奶、白酒、水果等
由來

　這是一道流行於19世紀，法國中部地區的甜點。因為當地盛產櫻桃，所以以櫻桃製作的食物很多，克拉芙緹就是其中之一。克拉芙緹的成分很單純，吃得到櫻桃的清甜，與蛋奶的香醇，口感近似於布丁，也因此有人稱它為「法式布丁」。

傳統鮮果克拉芙緹配方

全蛋	4顆
細砂糖	125g.
鮮奶	250g.
低筋麵粉	8g.
鹽	少許

● 改良配方中以白酒的淡淡葡萄香氣融入蛋液中，再搭配新鮮水果，酒香、果香融合更是美味。

做法

製作麵糊Batter

1 以毛刷將陶瓷烤模先塗上液體奶油（分量外）。

2 撒上薄薄一層細砂糖（分量外）。

3 將選用的水果洗淨，此處選用藍莓和蘋果。蘋果必須切片。

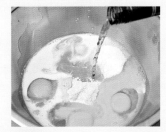

4 將除了水果之外的所有食材依序放入盆中，以打蛋器攪拌均勻成麵糊。

5 將麵糊倒入模型中。

6 鋪上新鮮水果，放入烤箱，以170℃烘烤20分鐘即可。

Summer Pudding

新鮮莓果
吐司
莓果餡

夏日布丁

新鮮的莓果是甜點不可缺的材料，
這道涼夏點心使用了藍莓、草莓和覆盆子，
還加入了紅酒製作，是專屬於大人的美味。

數量 6吋，1個

難易度 ★簡單，新手
也很容易成功！

適合何時吃＆保存多久
適合溫熱或冷藏品嘗，
可冷藏保存約3天。

材料

吐司	適量
草莓	200g.
藍莓	200g.
覆盆子	100g.
細砂糖	35g.
紅酒	100g.
檸檬汁	少許
吉利丁片	12g.

做法

1
將吐司切成所需的形
狀後，排在6吋的固
定模型中。

2
將草莓、藍莓和覆盆
子切丁，與細砂糖、
紅酒、檸檬汁一起放
入鍋中。

3
加熱至80℃後離火，
並保留果粒，加入以
冰水泡軟，並且擠乾
水分的吉利丁片拌勻
成莓果餡。

4
將做法3倒入模型
中，再以吐司排好封
住，放入冰箱冷藏約
5小時至冰凍。

5
取出後，可依個人喜
好加入些許檸檬屑、
水果等，淋入些許莓
果餡即成。

1. 吉利丁片必須先剪成小片，放入冰開水泡軟，泡軟後再取出擠乾水分，才能加入材料中。
2. 如果使用吉利丁粉，吉利丁粉：水大約1：6。
3. 夏日布丁傳統配方內並未添加紅酒，單純只有新鮮水果，我的改良配方中加入了紅酒，更能襯托出新鮮水果的風味。

關於夏日布丁

國家 英國
製作順序 排吐司片→莓果餡→組合→冷藏
主原料 吐司、莓果、細砂糖、紅酒、檸檬汁等

巴黎-布列斯特

在兩片可愛的車輪形狀泡芙之間，

夾著微酸的野莓餡

與濃郁的奶油覆盆子餡，

加上泡芙表面的堅果與酥菠蘿皮，

多重口感與風味，絕對是必吃的經典款泡芙。

Paris-Bres

堅果
泡芙
酥菠蘿皮
奶油霜

數量 直徑6公分，約8個

溫度與時間 200℃，10分鐘，再改成180℃，10分鐘

難易度 ★★
小心製作，不容易失敗！

適合何時吃＆保存多久
適合冷藏品嘗，可放冷凍保存約7天。

材料

泡芙		野莓餡	
鮮奶	75g.	細砂糖	4g.
水	75g.	果膠粉	2g.
鹽之花	1g.	櫻桃果泥	50g.
細砂糖	6g.	混合莓果粒	70g.
奶油	70g.		
低筋麵粉	95g.	奶油霜	
全蛋	150g.	鮮奶	45g.
		細砂糖	35g.
酥菠蘿皮		蛋黃	35g.
二砂糖	90g.	香草棒	少許
低筋麵粉	90g.	奶油	190g.
奶油	75g.		
色粉	少許	覆盆子餡	
堅果	少許	奶油霜	300g.
（開心果、杏仁		覆盆子果泥	40g.
粒、胡桃、黑胡		卡士達餡	45g.
椒、紅胡椒）		（參照p.29）	
		檸檬屑	少許

做法

製作泡芙Puff

1
做法參照p.70的做法3～5，完成麵糊。

製作酥菠蘿皮Cruble

2
將二砂糖、低筋麵粉、冰凍奶油丁放入鋼盆中，然後攪拌成團。

3
可依個人喜愛加入色粉，此處加入綠色。

4
先以直徑5公分的模型壓出形狀。

5
如圖再以直徑2公分的模型在做法4上面壓出形狀，使形成中空的麵皮，放入冰箱冷凍。

6

將泡芙麵糊填入裝好8齒花嘴的擠花袋中，擠出直徑約5公分的圓圈形狀。

7

取出冰凍的酥菠蘿皮，排放在做法6上。

8

刷上蛋白（分量外），撒上堅果，放入烤箱，以200℃烘烤約10分鐘，再以180℃烘烤約10分鐘。

製作野莓餡Berry Sauce

9

細砂糖、果膠粉混合。

10

將櫻桃果泥、果粒加熱至40℃。

11

將做法9快速加入做法10中，一邊加入一邊快速攪拌至沸騰，降溫後再使用。

製作奶油霜Buttercream

12

將鮮奶、細砂糖、蛋黃和香草籽、剖開的香草棒放入鍋中。

13

一邊攪拌，一邊煮至完全沸騰。

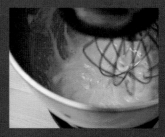

14

將做法13放入鋼盆中，以快速攪拌。

15

加入切成小丁的冰凍奶油。

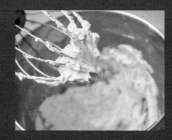

16

攪拌至完全打發。

製作覆盆子餡Respberry Sauce

17

將所有食材放入鋼盆中，當中覆盆子果泥必須退冰使用，然後以打蛋器拌勻即可。

組合Mix

18
取出烤好的泡芙，對切，擠入野莓餡。

19
再擠上覆盆子餡。

20
最後將另一半泡芙放上去即成。

Qui, Chef!
重點提示

1. 擀壓酥菠蘿皮麵團時，可放在烤盤紙上擀折。
2. 必須使用冰奶油製作奶油霜。沒有用完的奶油霜，可完全密封，放在冰箱冷凍保存2星期。

關於巴黎-布列斯特

國家 法國
製作順序 泡芙→酥菠蘿皮→烘烤→野莓餡→奶油霜→覆盆子餡→組合
主原料 麵粉、全蛋、奶油、二砂糖、覆盆子果泥、莓果粒、堅果等
由來
　　又叫車輪泡芙。西元1891年時，巴黎（Paris）和布列塔尼前端港口布列斯特（Brest）之間，舉辦長途單車賽。一位糕點師傅在單車賽起點處旁開了一家點心舖，為了慶祝單車賽，特別設計了一個單車車輪形狀的泡芙。他將泡芙剖開，在泡芙中間夾著果仁巧克力或榛果奶油館，上層泡芙表面再撒上烤過的杏仁和白糖粉，因為受到大家的喜愛而廣為流傳，成為經典泡芙之一。

傳統巴黎-布列斯特配方

內餡

卡士達餡	200g.
黑巧克力	100g.
奶油霜	100g.

● 傳統的內餡是以卡士達餡、奶油霜為底，最後再以黑巧克力點綴，改良配方則利用覆盆子的酸甜與奶油霜組合，更具層次且不膩口。

Pink Champagne

粉香檳

夢幻般的顏色，優雅的外型，
這是一款大多數女生都喜愛的甜點。
微酸的覆盆子加上爽口的香檳慕斯，
再一點點巧克力淋面，
高級甜點店的點心也能嘗試自己做！

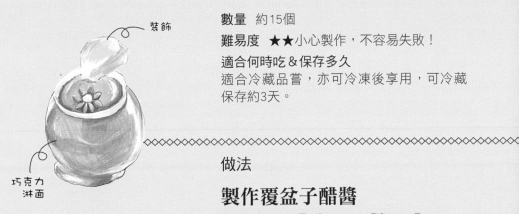

裝飾

巧克力
淋面

數量　約15個

難易度　★★小心製作，不容易失敗！

適合何時吃＆保存多久
適合冷藏品嘗，亦可冷凍後享用，可冷藏
保存約3天。

做法

製作覆盆子醋醬
Raspberry Balsamic Glaze Sauce

材料

覆盆子醋醬
覆盆子果泥	300g.
綜合莓果粒	150g.
細砂糖	45g.
義大利醋	10g.
（Balsamic Vinegar）	

香檳慕斯
吉利丁片	15g.
蛋黃	100g.
細砂糖	100g.
水	35g.
粉紅香檳酒	130g.
動物性鮮奶油	625g.

巧克力淋面
吉利丁片	7g.
冰水	50g.
水	50g.
細砂糖	100g.
葡萄糖漿	100g.
煉奶	65g.
白巧克力	100g.
色粉	少許

1
將覆盆子果
泥、莓果粒和
細砂糖倒入鍋
中，加熱至細
砂糖融化，離
火。加熱時火
不能超過鍋子
底部。

2
加入義大利醋
拌勻。

3
以湯匙將做法
2舀入直徑直徑
5×高2.5公分的
矽膠模型中。

4
放入冰箱冷凍
冰硬。

製作香檳慕斯
Champagne Mousse

5
吉利丁片先泡冰水軟化備用。

6
蛋黃倒入盆中，以球狀攪拌頭攪打至硬性發泡，變成乳白色。

7
將細砂糖、水倒入鍋中加熱至114℃，然後倒入做法6中。

8
再次打發，打發至冷卻後換倒入鋼盆中。

9
加入粉紅香檳酒，用橡皮刮刀拌勻。

10
拌入微打發鮮奶油拌勻，再加入擠乾水分的吉利丁片拌勻。

製作巧克力淋面
Chocolate Glaze

11
吉利丁片與50g.冰水泡軟備用。

12
將水、細砂糖和葡萄糖漿倒入鍋中煮至103℃，離火。

13
加入煉奶、泡軟擠乾水分的吉利丁片拌勻。

14
等降溫至約40℃，慢慢加入白巧克力、色粉，以均質機充分拌勻。

15
等降溫至約28℃～30℃時可使用。

組合Mix

16
取出直徑6公分的兩個半球體模型。

17
將香檳慕斯擠入模型至一半的高度。

18
放入冷凍定型的覆盆子醋醬。

19
再以擠花嘴填入香檳慕斯，放入冰箱冷凍。

20
定型後取出脫模，表面淋上巧克力淋面，依喜好加入裝飾即成。

關於粉香檳

國家 法國

製作順序 覆盆子醋醬→香檳慕斯→巧克力淋面→組合→冷凍

主原料 覆盆子果泥、莓果、蛋黃、細砂糖、葡萄糖漿、煉奶、白巧克力、義大利醋等

Qui, Chef! 重點提示

1. 製作香檳慕斯時，做法6的蛋黃必須攪打至完全硬性發泡，才可以加入煮熱的糖漿。
2. 製作巧克力淋面時，必須等做法13降溫至40℃，才能加入白巧克力，並且要使用均質機充分拌勻。
3. 做法19的圓形慕斯必須完全冷凍定型後才能淋面或裝飾。淋面必須控制在28℃～30℃。

Baba au Rhum

蘭姆巴巴

有著圓柱獨特造型的小甜點，
酒香浸漬了麵團，於口中蔓延，
濕潤的口感搭配鮮奶油食用，
風味獨特，是法國餐廳飯後最常見的甜點之一。

香草蘭姆酒

檸檬皮、橙皮

橙酒香緹餡

巴巴

數量 6個
溫度與時間 180℃，30分鐘
難易度 ★
簡單，新手也很容易成功！

適合何時吃＆保存多久
適合溫熱品嘗，可搭配冰淇淋也很美味，可冷藏保存約4天。

材料

巴巴

鮮奶	40g.
動物性鮮奶油	20g.
乾酵母	12g.
高筋麵粉	135g.
細砂糖	10g.
鹽之花	2g.
全蛋	65g.
奶油	40g.
檸檬皮	少許

酒糖液

水	200g.
細砂糖	20g.
檸檬汁	30g.
百香果泥	10g.
橙酒	10g.
檸檬皮、橙皮	少許

做法

製作巴巴Baba

1
將鮮奶、鮮奶油、乾酵母倒入容器中拌勻。

2
加入高筋麵粉、細砂糖、鹽之花和全蛋，以槳狀攪拌頭攪拌成團。

3
加入軟化奶油和檸檬皮拌勻。

4
模型塗抹液體奶油，並沾附麵粉（皆分量外）。

5
把麵團填入擠花袋中，擠入模型中。

6
等麵團發酵約20分鐘後，放入烤箱，以180℃烘烤約30分鐘。

製作酒糖液Sugar Syrup

7
將水、細砂糖倒入鍋中煮沸，離火。

8
加入其他剩餘的材料拌勻即可。

組合Mix

9
將做法8的酒糖液再次加熱。

10
把烤好的巴巴脫模，放入酒糖液內浸泡，浸泡至膨脹即可。

Qui, Chef! 重點提示

1. 做法6麵團發酵時，可以放在室內溫度較高的地方。
2. 做法10浸泡烤好的巴巴不可以浸泡太久，以免巴巴太軟而無法成型。
3. 完成的蘭姆巴巴可如成品照片中，搭配橙酒香緹餡（做法參照p.28）或香草糖醬一起享用。

關於蘭姆巴巴

國家 法國
製作順序 麵團→酒糖液→烘烤→浸泡
主原料 鮮奶、鮮奶油、高筋麵粉、奶油、全蛋、百香果泥、橙酒等
由來

　　蘭姆巴巴雖然曾是法國王室的專屬甜點，但卻和東歐有著很深的關係。在斯拉夫語系中，「Baba」是「祖母」的意思。而這道糕點，據傳源自於波蘭。

　　18世紀，波蘭國王流亡至法國，發現當時所帶的Baba蛋糕好乾，便請廚師將蛋糕浸泡在蘭姆酒中，而意外成就了這一道有著濃濃蘭姆酒香的蛋糕。後來，波蘭國王的女兒嫁給了法國國王路易十五世，也帶進了這道甜點。上桌後，廚師會將蛋糕切開，再將蘭姆酒淋上。這麼一個華麗的上桌儀式，讓蘭姆巴巴從此成為法國王室與上流社會流行的甜品。現在的蘭姆巴巴，則是直接在製作過程中加入酒的成分，酒香已不如從前。

傳統蘭姆巴巴配方

酒糖液

水	200g.	香草棒	少許
細砂糖	150g.	蘭姆酒	150g.

● 改良配方中，將酒糖液的糖減少，增加新鮮水果汁，讓水果香味與麵團融合，吃起來帶著酸酸微甜的口感。
● 以水果酒替代蘭姆酒，另有一番風味，一定要試試。

Bugnes Lyonnaises

里昂餅

炸至酥脆、薄薄的里昂餅搭配糖粉已足夠美味，
現在再加入清爽酸甜的熱帶水果醬，
令人欲罷不能的法式油炸甜點。

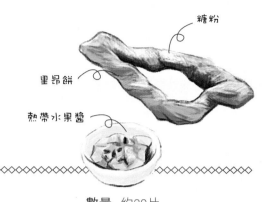

糖粉

里昂餅

熱帶水果醬

◇◇◇◇◇◇◇◇◇◇◇◇◇◇◇◇◇◇◇◇◇◇◇◇◇◇◇

數量 約20片

難易度 ★
簡單，新手也很容易成功！

適合何時吃＆保存多久
適合常溫品嘗，可常溫保
存約7天。

材料

麵團
中筋麵粉（T55）	250g.
鹽之花	少許
細砂糖	15g.
新鮮酵母	5g.
水	70g.
軟化奶油	75g.
全蛋	2.5顆

熱帶水果醬
百香果肉	3顆
鳳梨果肉	100g.
香吉士	3顆
檸檬片	少許

做法

製作麵團Dough

1

將所有食材依序放
入鋼盆中。

2

用槳狀攪拌頭以慢
速攪拌至成團，且
麵團光滑。

3

放在室溫下，蓋上
塑膠袋讓麵團鬆弛
約30分鐘。

4

用擀麵棍擀壓成薄
片狀，以滾輪刀切
割。

5

麵皮可隨意變化各
種形狀。

6

起一個油鍋，將做
法5放入油鍋中炸
至呈金黃色澤，起
鍋瀝乾油分。

製作熱帶水果醬Fruit Sauce

7
將所有水果洗淨後切小丁。

8
混合所有食材放入鍋中，煮至軟化即可。

9
炸好的里昂餅可以趁熱撒上些許糖粉（分量外），搭配熱帶水果醬享用。

Qui, Chef! 重點提示

1. T55是法國麵粉，一般是拿來製作塔皮或餅乾等，可以在進口食材行中買到。
2. 熱帶水果醬可以更換成森林莓果系列的紅色水果。

傳統里昂餅配方

麵團

麵粉	250g.	橄欖油	少許
細砂糖	15g.	蘭姆酒	少許
全蛋	3顆		

- 麵團改良配方中添加了酵母，讓餅略微膨脹，口感更酥脆。此外，也可以自製新鮮水果餡搭配食用。

關於里昂餅

國家 法國

製作順序 麵團→油炸→熱帶水果醬→搭配食用

主原料 中筋麵粉、細砂糖、奶油、全蛋、熱帶水果等

由來

　　這款美食是法國美食之都——里昂地區在狂歡節時，民眾會吃的油炸點心。這種炸薄餅可隨意做成各種形狀，像長條、麻花、貓耳朵等形狀。

奧地利蘋果捲

外皮薄而酥脆，蘋果內餡酸甜濃郁，
這樣恰到好處的搭配絕不膩口。
來自維也納的傳統國民甜點，
天冷的時候來塊蘋果捲和一杯溫茶，
暖暖的風味令人身心滿足。

Apfelstrudel

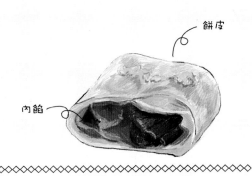

餅皮

內餡

◇◇◇◇◇◇◇◇◇◇◇◇◇◇◇◇◇◇◇◇◇◇◇◇◇◇

數量 25公分，1條
溫度與時間 180℃，30分鐘
難易度 ★★小心製作，不容易失敗！

適合何時吃＆保存多久
適合溫熱品嘗，或搭配冰淇淋、香緹、雪酪等享用，可冷藏保存約3天。

材料

麵團

高筋麵粉	125g.
低筋麵粉	55g.
全蛋	1顆
沙拉油	15g.
溫水	75g.

內餡

蘋果	3顆
鳳梨	100g.
百香果	3顆
檸檬汁	少許
檸檬皮屑	少許
肉桂粉	少許
葡萄乾	50g.
麵包粉	30g.

香草醬汁

鮮奶	55g.
細砂糖	26g.
香草棒	少許
全蛋	35g.

做法

製作麵團 Dough

1
將所有食材依序放入鋼盆中。

2
用槳狀攪拌頭以慢速攪拌成團，放在室溫下，蓋上保鮮膜鬆弛約15分鐘。

製作內餡 Filling

3
麵包粉烤熟備用。

4
蘋果切薄片，鳳梨切小丁。

5
將所有食材拌勻即可。

製作香草醬汁Vanilla Sauce

6

將鮮奶、細砂糖、香草籽和剖開的香草棒放入鍋中，煮沸後離火。

7

全蛋打散後倒入煮沸的做法6中。

8

整鍋再次移回爐火上，一邊加熱一邊快速攪拌，煮至85℃離火。

Qui, Chef!
重點提示

1. 麵團不要過度攪拌，否則容易收縮，不易擀成薄片。
2. 做法9擀製面麵團時，一定要在底部鋪上烘焙紙或白布，慢慢擀壓，一邊擀一邊用手拉成薄片。此外，可以塗抹些許沙拉油，方便擀薄。

組合＆烘烤Mix&Bake

9

在工作檯面上鋪好烘焙紙或白布，並撒些許手粉（高筋麵粉，分量外），將麵團擀壓成薄片狀。

10

放入內餡，可依個人喜好加入點砂糖（分量外）。

11

將麵團輕輕捲起成條狀。

12

刷上些許融化奶油，放入烤箱，以180℃烘烤約30分鐘即成。可搭配香草醬汁享用

關於奧地利蘋果捲

國家 法國
製作順序 麵團→內餡→香草醬汁→組合→烘烤
主原料 高筋麵粉、低筋麵粉、細砂糖、奶油、葡萄乾、麵包粉等
由來

　　顧名思義，這道甜點包裹著濃濃的蘋果餡，曾是奧地利上流社會相當風行的甜品，後來被王室採用，而成為當地傳統甜點。據説，蘋果捲其實起源自匈牙利。奧地利蘋果捲之所以廣受歡迎，是因為費工的餅皮酥脆可口，搭上裡頭綿密的蛋糕與香甜的蘋果餡，每每品嘗，都能有滿滿的幸福感。

傳統奧地利蘋果捲配方

麵團

蘋果	3顆	核桃切碎	50g.
檸檬汁	少許	麵包粉	50g.
葡萄乾	100g.		

● 改良配方中運用了台灣盛產的蘋果、鳳梨、百香果等水果製作內餡，最後搭配香草醬汁享用，十分搭配。

Sfogliatelle

義大利那不勒斯

義大利那不勒斯的傳統點心，
咔滋咔滋香脆口感。
乳酪與果乾、水果皮混合的餡料豐富好滋味，
在家就能享用異國風情甜點。

數量 10個
溫度與時間 180℃，20分鐘
難易度 ★★小心製作，不容易失敗！
適合何時吃＆保存多久
適合溫熱品嘗，可冷藏保存約3天。

材料

麵團		內餡	
杜蘭小麥粉	500g.	水	350g.
鹽	少許	鹽	少許
蜂蜜	10g.	杜蘭小麥粉	120g.
水	230g.	瑞可塔乳酪	120g.
豬油	200g.	（Ricotta Cheese）	
		全蛋	1顆
		香橙丁	30g.
		蔓越莓乾	20g.
		肉桂粉	少許
		檸檬皮	1顆分量
		香吉士皮	1顆分量
		香草棒	1/2支

關於義大利那不勒斯

國家 義大利

製作順序 麵團→內餡→組合→烘烤

主原料 杜蘭小麥粉、豬油、水、瑞可塔乳酪、果乾、水果丁等

由來

　　這道點心在台灣不太為人所知，它是以杜蘭小麥粉製作餅皮，使餅皮口感較硬脆，再包入瑞可塔乳酪和水果乾組成的內餡。不過，它可是那不勒斯地方咖啡館和家庭必備的點心，甚至是主食。Sfogliatelle在義大利文中，則有「重疊多片麵皮」的意思。

傳統義大利那不勒斯配方

乳清乳酪內餡

鮮奶	400g.	檸檬汁	少許
動物性鮮奶油	65g.	鮮奶	250g.
鹽	少許		

● 傳統內餡的配方是以乳清乳酪為基底，再搭配鮮奶製作，改良配方中則是以低脂乳酪當作主餡料，再搭配果乾，口感更豐富。

做法

製作麵團Dough

1

將小麥粉、鹽、蜂蜜和水倒入鋼盆中，以槳狀攪拌頭慢速稍微翻拌成團。

2

將麵團擀至厚約0.5公分的長條片。

3

將麵皮轉90度。

4

先將左邊麵皮向中間折。

5

再將右邊麵皮向中間折。

6

完成一次三折，放入冰箱鬆弛30分鐘。

7

重複做法2～5，一共完成三折兩次。

8

最後將麵皮擀壓成薄膜狀。

9

麵皮表面抹上豬油，慢慢捲成長條狀。放入冰箱冷凍15分鐘至定型。

製作內餡 Filling

10

將水、鹽倒入鍋中煮沸，加入小麥粉拌勻。

11

一邊加熱一邊攪拌至濃稠狀。

12

等做法11降溫至約40℃（手摸起來溫溫的），再拌入瑞可塔乳酪和其他材料，以打蛋器拌勻即可。

組合&烘焙Mix&Bake

13

將麵團切成每一塊60g.。

14

將麵團中心點朝上先壓平。

15

將麵團以手捏出類似有深度的三角錐狀（可以裝入內餡）。

16

包入內餡。

17

封口，放入烤箱，以180℃烘烤約20分鐘即成。

Qui, Chef!
重點提示

1. 擀折麵團時，每次折好都必須放入冰箱冷藏鬆弛約30分鐘，再取出繼續擀折。
2. 最後擀壓成薄膜狀時，可抹些許油脂，以利於擀拉至薄膜狀。

亞爾薩斯小點

將餅乾塗抹上紅酒糖霜，

這是一款成人風味的小甜點。

吃膩了一般巧克力、原味的餅乾時，

別忘了試試新口味。

Les Rochers

1. 蛋糕粉是指香草或巧克力蛋糕研磨成粉末狀，如果有沒用完的蛋糕邊也可以派上用場，或者在烘焙材料行購買。
2. 果乾可依各人喜好選用，不過記得要切成小丁再加入。
3. 酒漬葡萄乾的做法是葡萄乾加水煮沸（水要淹過葡萄乾），瀝乾後放冷卻，加入蘭姆酒（酒要淹過葡萄乾）泡2～3天即可。

紅酒糖霜

数量 約20個

溫度與時間 180℃，15分鐘

難易度 ★簡單，新手也很容易成功！

適合何時吃＆保存多久
適合常溫品嘗，密封後於常溫可保存約
20天。

材料

麵團		酒漬葡萄乾	50g.
奶油	100g.	糖漬橙丁	50g.
細砂糖	75g.	肉桂粉	3g.
蛋黃	2顆		
低筋麵粉	135g.	**紅酒糖霜**	
杏仁粉	50g.	糖粉	125g.
蛋糕粉	50g.	紅酒	25g.

做法

製作麵團Dough

1

使用在室溫下軟
化的奶油，然後
連同奶油，將所
有材料倒入鋼
盆中。

2

以槳狀攪拌頭
翻拌成團。

烘烤Bake

3

用手捏出不規
則形狀，每顆
餅乾約15g.。
放入烤箱，以
180℃烘烤約15
分鐘即可。

製作紅酒糖霜 Wine Icing Cream

4

將糖粉放入鍋
內，倒入紅酒。

5

充分拌勻。

6

將做法5塗抹於
烤好的餅乾上
即成。

關於亞爾薩斯小點

國家 法國
製作順序 麵團→烘烤→塗抹紅酒糖霜
主原料 麵粉、蛋糕粉、杏仁粉、奶油、
蛋黃、葡萄乾、糖粉、紅酒等

Caramel Almond Cookies

焦糖杏仁餅乾

口感脆硬的杏仁，

與焦香迷人的焦糖組合成最吸引人的餡料。

搭配酥鬆的餅乾，成為一吃上癮的無敵餅乾。

Qui, Chef!
重點提示

製作杏仁脆糖時，必須以小火融化糖液，等融化後再加入室溫奶油拌勻。

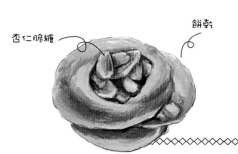

杏仁脆糖

餅乾

數量 直徑4公分，約20片

溫度與時間 170℃，15分鐘

難易度 ★簡單，新手也很容易成功！

適合何時吃＆保存多久

適合常溫品嘗，密封後於常溫可保存約20天。

材料

麵團		杏仁脆糖	
奶油	125g.	葡萄糖漿	50g.
糖粉	50g.	二砂糖	50g.
鹽	少許	奶油	30g.
蛋白	20g.	杏仁片	50g
低筋麵粉	100g		

做法

製作麵團Dough

1
將奶油放在室溫下使其軟化。

2
連同軟化奶油，將所有材料倒入鋼盆中，攪拌至均勻無顆粒的麵團。

3
取直徑4公分中空小圓模先沾裹麵粉（分量外），在烤盤上先壓出圓圈狀的輪廓。

4
將做法2填入裝好直徑0.8公分平口花嘴的擠花袋中，在烤盤上按照圓圈輪廓，擠出餅乾麵團。

製作杏仁脆糖
Almond Butterscotch

5
將葡萄糖漿、二砂糖倒入鍋中，以小火煮至二砂糖融化。

6
加入在室溫下軟化的奶油拌勻，離火。

7
拌入杏仁片即可。

組合&烘烤Mix&Bake

8
將杏仁脆糖放入圓圈麵團中。

9
放入烤箱，以170℃烘烤約15分鐘即成。

關於焦糖杏仁餅乾

國家 法國
製作順序 麵團→杏仁脆糖→組合→烘烤
主原料 麵粉、糖粉、奶油、葡萄糖漿、二砂糖、杏仁片等

布列塔尼酥餅

布列塔尼酥餅最有名的，
就是口感酥脆、鹹中帶著濃厚奶香。
做法簡單、材料容易取得，
熱愛法國餅乾的人，絕對不會錯過它。

Sablés Bretons

數量 直徑4.5公分，約20片
溫度與時間 170℃，15分鐘
難易度 ★簡單，新手也很容易成功！

適合何時吃＆保存多久
適合常溫品嘗，密封後於常溫可保存約20天。

材料

奶油	150g.
二砂糖	75g.
全蛋	1顆
鹹蛋黃	50g.
低筋麵粉	210g.
泡打粉	1.5g.
鹽之花	1.5g.
香草棒	1/2支

關於布列塔尼酥餅

國家 法國
製作順序 麵團→整型→刷蛋黃液→烘烤
主原料 麵粉、二砂糖、奶油、鹹蛋黃、全蛋、麵粉等
由來
　　又叫Galette Bretonne，喜愛酥脆口感的人，千萬不要錯過布列塔尼酥餅。全程不加水的材料，一口咬下，滿滿的幸福。這款甜點起源於法國，做法相當簡單，材料也容易取得。只要挑選得宜，都能做出令人嚮往的酥餅。

做法

製作麵團Dough

1

鹹蛋黃切碎，香草棒剖開。將鹹蛋黃、香草籽與所有材料倒入鋼盆中。

2

攪拌至稍微成團即可。

3

將麵團擀至厚0.5公分。

4

以直徑4.5公分的模型壓出餅乾麵團。

烘烤Bake

5

麵團表面塗抹蛋黃液（分量外），連同模型，一起放入烤箱，以180℃烘烤約20分鐘，取出脫模即成。

Nougat de Montelimar

法式乳加糖

堅果的香氣、果泥與果乾的酸甜，

以及獨特的鬆軟、彈性口感，是法式乳加糖的特色。

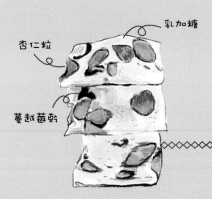

杏仁粒

乳加糖

蔓越莓乾

數量　30×10公分，1片
溫度與時間　270℃，8分鐘；170℃，40分鐘
難易度　★★小心製作，不容易失敗！

適合何時吃＆保存多久
適合常溫品嘗，密封後於常溫可保存約
30天 。

材料

細砂糖	280g.
海藻糖	100g.
水	100g.
葡萄糖漿	100g.
鹽之花	5g.
蜂蜜	200g.
百香果果泥	50g.
杏桃果泥	50g.
蛋白	60g.
塔塔粉	少許
細砂糖	10g.
杏仁粒	250g.
蔓越莓乾	50g.

Qui, Chef!
重點提示

1. 製作乳加糖建議準
   備一支溫度計，才
   能精準測量。
2. 做法8中反覆壓乳
   加糖，可使成品口
   感更有彈性。
3. 做法10中冷卻後切
   割乳加糖，切割完
   要立刻密封。

做法

1
將蛋白、10g.
細砂糖、鹽之
花和塔塔粉倒
入鋼盆中，攪
拌至乳白狀。

2
將蜂蜜、百香
果果泥、杏
桃果泥倒入
鍋中，煮至
122℃。

3
將做法2倒入做
法1中打發。

4
攪拌至照片中
的狀態。

5

取280g.細砂糖、海藻糖、水和葡萄糖漿倒入鍋中，煮至152℃，然後倒入做法4內打發。

6

這時更換成槳狀攪拌頭。

7

杏仁粒以160℃烘烤約12分鐘，取出，與果乾一起加入做法5拌勻。

8

倒在烘焙烤墊上，以烤墊反覆壓至降溫、冷卻。

9

將做法8整個倒入預先鋪好糯米紙（分量外）的模型內（以4根棍子圍成的模型）。

10

輕輕按壓讓表面平整，再鋪上一層糯米紙（分量外），等冷卻後再切出所需大小即可。

關於法式乳加糖

國家 法國

製作順序 煮糖→攪拌糖果→入模→冷卻→切割

主原料 細砂糖、海藻糖、葡萄糖漿、果泥、蛋白、蔓越莓乾等

由來

　　蒙特利瑪爾乳加糖（Nougat de Montelimar），是南法普羅旺斯地方的傳統知名糖果。乳加糖在中世紀傳入歐洲，受到歐洲法國、義大利、西班牙等國的喜愛。蒙特利瑪爾乳加糖是以蛋白、糖，以及南法地區盛產的蜂蜜、堅果為主要材料，食材有嚴格的比例限制需遵守。

傳統法式乳加糖配方

薰衣草蜂蜜	250g.	蛋白	55g.
葡萄糖漿	100g.	杏仁粒	300g.
細砂糖	200g.	蜜餞	50g.
水	65g.		

● 在改良配方中加入帶有酸味的果泥，再加入些許海藻糖，可降低甜度，並增加水果香氣。

馬林糖

利用不同花嘴擠出各種形狀，
同時變化出五顏六色，入口即化、酥鬆的口感，
可以搭配一杯咖啡，或是一塊甜點，
它可以是主角，也能襯托其他糕點。

Meringue

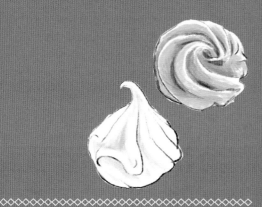

做法

1

將蛋白、塔塔粉和鹽之花倒入鋼盆中，用球狀攪拌頭先拌至起泡。

2

細砂糖分三次加入，每加入一次，都要以快速攪拌約2分鐘。

數量　約50個

溫度與時間
90℃，50～60分鐘

難易度　★
簡單，新手也很容易成功！

適合何時吃＆保存多久
適合常溫品嘗，密封後於常溫可保存約20天。

3

攪拌至完全硬性發泡，即以攪拌頭拉起蛋白霜，蛋白霜尾端尖挺。

材料

蛋白	100g.
塔塔粉	少許
細砂糖	100g.
鹽之花	2g.
糖粉	100g.
檸檬皮	少許
香吉士皮、開心果	適量

4

將打好的蛋白霜放入另一個鋼盆中，以橡皮刮刀慢慢拌入過篩的糖粉、檸檬皮和開心果碎等，輕輕拌勻。

5

可依個人喜好加入色粉等調色。

6

先以8齒花嘴擠在烤盤上，每個馬林糖要間隔適當的距離。

7

再以2D玫瑰花嘴擠在烤盤上。

烘烤Bake

8

放入烤箱前，用篩網撒入糖粉，以90℃烘烤50～60分鐘即成。

關於馬林糖

國家 法國
製作順序 蛋白霜→擠花→撒糖粉→烘烤
主原料 蛋白、細砂糖、糖粉、檸檬皮等
由來

　馬林糖的起源，相傳是瑞士廚師將剩下的蛋白、糖粉打發後放入烤箱，以低溫烘烤出口感偏甜，質感細膩且入口即化的小點心，深受大家的喜愛。傳統的馬林糖，僅是利用兩支湯匙簡單塑型，但19世紀後，馬利安東尼‧卡瑞蒙（Marie Antoine Carême）以細緻的花嘴，將馬林糖變身得精緻可愛。

傳統馬林糖配方

蛋白	100g.
細砂糖	200g.
白醋	少許

● 在改良配方中添加了糖粉，成品口感具有酥鬆與脆度。

Qui, Chef!
重點提示

1. 鹽秤量時，磅秤上面必須要有數字，才能準確測量。
2. 花嘴可依照自己的喜好更換成不同的形狀，像是圓口花嘴、葉子花嘴等。
3. 馬林糖烘烤後，等冷卻要放入密封罐保存。

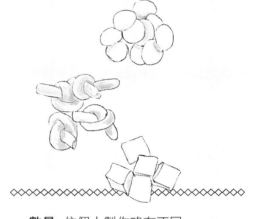

Guimauve

法式棉花糖

宛若嬰兒臉頰般細緻的質感，
可以變化各種口味與形狀的甜點，
獨特的蓬鬆口感，入口即化。

數量 依個人製作略有不同
難易度 ★簡單，新手也很容易成功！
適合何時吃＆保存多久
適合常溫品嘗，密封後於常溫可保
存約15天。

材料

吉利丁片	10g.	轉化糖	95g.
冰開水	60g.	檸檬汁	10g.
細砂糖	125g.	防潮糖粉	適量
水	40g.	熟玉米粉	適量

關於法式棉花糖

國家 法國
製作順序 棉花糖 →入模、整型→凝固
定型→篩粉
主原料 吉利丁片、細砂糖、轉化糖、
檸檬皮等
由來
　法式棉花糖其實源自埃及，後來傳至
法國，才發揚光大，廣受歡迎。曾有一
說，吃了糖，可以讓心情變美麗。

Qui, Chef!
重點提示

1. 攪拌好的棉花糖必須在短時間內入
模、塑型，否則會變硬。擠好的棉
花糖可以在表面撒上粉（防潮糖粉
和熟玉米粉1：1混合），以免迅速
乾燥。
2. 如果想改變口味的話，可以添加
10g.新鮮果汁。

做法

1

吉利丁片放入
60g.冰開水中
泡軟，這裡要
精準測量。

2

將細砂糖、
40g.水、40g.
轉化糖倒入鍋
中，加熱至
110℃，離火。

3

吉利丁片擠乾
水分、55g.轉
化糖一起加入
做法2中拌勻。

4

做法3倒入鋼
盆中，以球狀
攪拌頭快速打
發，攪打至出
現紋路。

5

加入檸檬汁，
繼續攪打至出
現紋路，放冷
卻後使用。

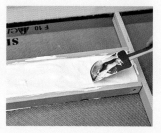

6

取一部分做法
5倒入模型中，
抹平，放在室
溫下，等凝固
定型後切塊。

7

取一部分做法
5填入裝好花嘴
的擠花袋中，
擠成水滴狀。

8

取一部分做法
5加入紅色色
膏（分量外）
拌勻。

9

將粉紅色棉花
糖填入裝好圓
口花嘴的擠花
袋中，擠成長
條狀，放在室
溫下，等凝固
定型。

10

將長條棉花糖
捲成各種圖案
即可。

11

最後將所有棉
花糖篩入防潮
糖粉和熟玉米
粉混合粉（1：
1）沾裹即成。

傳統法式棉花糖配方

細砂糖	250g.	塔塔粉	少許
水	100g.	百香果泥	40g.
吉利丁片	17g.	檸檬汁	10g.
蛋白	37g.		

🎀 改良配方中少了蛋白，改用轉化糖，口感
更入口即化，並且可以延長保存期限。

Tarte Tropézienne

聖特羅佩

這款法國的傳統麵包點心有著樸實的外觀，
從大到迷你，各種尺寸都有人做，
而內餡由最初的原味，
現在已經開發創新出多種口味。

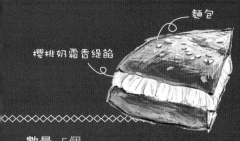
麵包
櫻桃奶霜香緹餡

數量 5個

溫度與時間 200℃20分鐘，再改成
180℃，10分鐘

難易度 ★簡單，新手也很容易成功！

適合何時吃＆保存多久
適合冷藏品嘗，可冷藏保存約3天。

材料

麵團		櫻桃奶霜香緹餡	
日本高筋麵粉	330g.	吉利丁片	5g.
鹽	8g.	鮮奶	150g.
細砂糖	40g.	香草棒	少許
轉化糖	10g.	蛋黃	1顆
全蛋	200g.	細砂糖	40g.
乾酵母	3g.	玉米粉	15g.
奶油	165g.	動物性鮮奶油	125g.
珍珠糖	少許	櫻桃酒	10g.
		橙花糖漿	
		水	50g.
		細砂糖	30g.
		橙花水	5g.

做法

製作麵團Dough

1
將麵粉、鹽、細砂
糖、全蛋和轉化糖
放入鋼盆中。

2
用鉤狀攪拌頭以中
速攪拌均勻。

3
加入乾酵母，再次
攪拌約10分鐘。

4
等麵團攪拌至擴展
階段，用手拉呈薄
膜狀，但不會破。

5
加入冰硬，切成小
丁的奶油，拌勻成
麵團。

6
麵團蓋上保鮮膜，
放在室溫鬆弛約60
分鐘。

7

將麵團分割成每顆150g.，再蓋上保鮮膜，在室溫鬆弛約20分鐘。

烘焙Bake

8

麵團擀成直徑6～7吋的圓形，蓋上保鮮膜，發酵60分鐘，刷上全蛋液（分量外），撒上珍珠糖，放入烤箱，以200℃烘烤20分鐘，再改成180℃烘烤10分鐘。

Qui, Chef!
重點提示

1. 攪拌麵團時，必須控制攪拌後，麵團溫度約26℃。麵團發酵過程中，必須全程覆蓋保鮮膜或塑膠袋，防止麵團被吹乾。
2. 麵團最後重量可依照個人喜好調整，小顆約20g.。

製作櫻桃奶霜香約
Vanilla Kirsch Chan

關於聖特羅佩

國家 法國
製作順序 麵團→烘烤→櫻糖漿→組合
主原料 高筋麵粉、奶油、鮮奶油等
由來

　　看到原文，會以為這是一鬆軟的兩片蛋糕，中間夾著組合成迷人的法式傳統甜點一說是這份甜點發源自法國級度假小鎮。另一說是指西點師亞歷山卓・米卡（Alex了一家麵包店，他做了這一

製作橙花糖漿
Orange Flower Syrup

13
將水、細砂糖倒入鍋中煮沸。

14
冷卻後，加入橙花水拌勻即可。

傳統聖特羅佩配方

乳瑪琳	200g.
糖粉	100g.
蜂蜜	些許

- 傳統的內餡是以奶油霜為主，而改良配方中，內餡以清爽的櫻桃奶霜香緹餡，品嘗時更清爽。
- 糖液則選用帶有花香味的橙花水，清爽且柔軟的麵包中帶著淡淡花香與果香，太美妙了！

組合Mix

15
將烤好的麵包橫向對切。

16
刷入橙花糖漿。

17
把櫻桃奶霜香緹填入裝好鋸齒花嘴的擠花袋中，再擠上，蓋上另一半麵包即成。

Kouglof Alsacien

咕咕沃夫

有別於一般蛋糕的外型，
咕咕沃夫的造型相當獨特，
蛋糕體有如一頂華麗的帽子，
上頭再飾以糖霜，
令人過目難忘。

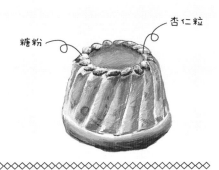

糖粉

杏仁粒

數量 20×10公分
咕咕沃夫模型，2個
溫度與時間 200℃，35分鐘
難易度 ★
簡單，新手也很容易成功！

適合何時吃&保存多久
適合常溫品嘗，常溫下可保
存約2天，冷藏保存4天。

材料

麵團
日本高筋麵粉	500g.
細砂糖	100g.
鹽	5g.
全蛋	2顆
鮮奶	200g.
乾酵母	5g.
奶油	160g.
酒漬葡萄乾	160g.

糖液
水	150g.
細砂糖	100g.
檸檬皮	少許
香草棒	少許
蘭姆酒	少許

其他
液體奶油	適量
杏仁粒	適量
防潮糖粉	適量

做法

製作麵團Dough

1
鮮奶、乾酵母
混合備用。

2
將麵粉、鹽、
細砂糖、全蛋
放入鋼盆中。

3
用鉤狀攪拌頭
以中速攪拌均
勻成團。

4
加入做法1，
攪拌至擴展階
段，用手拉呈
薄膜狀，但不
會破，可調整
至快速。

5
加入冰硬，切
成小丁的奶油
拌勻成麵團。

6
麵團蓋上保鮮
膜，室溫鬆弛
約60分鐘，然
後擀開，加入
酒漬葡萄乾抓
拌均勻成團。

7

將麵團分割成每顆650g.，蓋上保鮮膜，在室溫鬆弛約20分鐘。

8

模具內先塗抹液體奶油，放入杏仁粒。

烘烤Bake

9

麵團整型入模，蓋上保鮮膜，發酵60分鐘，放入烤箱，以200℃烘烤35分鐘。

Qui, Chef!
重點提示

1. 攪拌麵團時，必須控制攪拌後，麵團溫度約26℃。麵團發酵過程中，必須全程覆蓋保鮮膜或塑膠袋，防止麵團被吹乾。
2. 酒漬葡萄乾的做法是葡萄乾加水煮沸（水要淹過葡萄乾），瀝乾後放冷卻，加入蘭姆酒（酒要淹過葡萄乾）泡2～3天即可。
3. 糖液中的酒類可替換成水果口味的，分量依照自己喜好增減。
4. 麵粉可選用T65法國麵粉或日本麵粉。

製作糖液Sugar Syrup

10

將水、細砂糖和香草籽倒入鍋中，煮沸後離火。

11

等糖水冷卻後，加入檸檬皮、蘭姆酒拌勻。

12

麵包出爐後，把糖液噴灑在麵包上，篩入防潮糖粉即成。

關於咕咕沃夫

國家 奧地利
製作順序 麵團→烘烤→糖液→組合
主原料 高筋麵粉、奶油、細砂糖、酒漬葡萄乾、全蛋、鮮奶等
由來

　　咕咕沃夫的蛋糕體有如一頂華麗的帽子，上頭再飾以糖霜。傳至現代，很多人會在蛋糕體上以糖霜或各式水果、糖果來妝點。咕咕沃夫還有很多不同的名稱，加上產地也廣，奧地利、德國、法國這些鄰近國家，都有這款甜點的蹤跡。

傳統咕咕沃夫配方

麵團		全蛋	2顆
麵粉	1,000g.	鮮奶	500g.
細砂糖	150g.	酵母	27g.
鹽	少許	奶油	125g.

● 改良配方中提高了奶油的比例，讓烘烤後的麵包更柔軟、香氣更充足，而且保存時間更長。

Stollen

史多倫

來自德國的聖誕麵包，

充滿了綜合果乾的香氣與酒的風味。

口感扎實，具有飽足感。

溫暖的冬天享用，更有過節的氛圍。

153

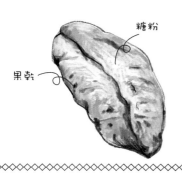

糖粉

果乾

數量　長15公分，3條

溫度與時間　160℃，40分鐘

難易度　★
簡單，新手也很容易成功！

適合何時吃＆保存多久
適合常溫或稍微加熱後品
嘗，可 冷凍保存約20天 。

材料

老麵

高筋麵粉	85g.
新鮮酵母	24g.
鮮奶	70g.

麵種

高筋麵粉（T65）	170g.
低筋麵粉	170g.
鹽	4g.
細砂糖	40g.
軟化奶油	170g.
蛋黃	20g.
混合香料	7g.
葡萄乾	200g.
橘皮丁	70g.
蔓越莓乾	35g.

其他

| 奶油 | 少許 |
| 糖粉 | 少許 |

做法

製作老麵Olddough

1

將所有材料放入鋼盆中拌勻，蓋上保鮮膜，在室溫發酵45分鐘。

製作麵種Dough

2

將發酵完成的老麵放入鋼盆中。

3

除了果乾之外，將其他剩餘的材料放入，用槳狀攪拌頭拌均勻。

4

拌入果乾稍微翻拌。

5

將麵團分割成每個300g.，麵團滾圓，蓋上塑膠袋，放在室溫鬆弛約30分鐘。

6

麵團整型，先以擀麵棍將麵團擀平，中間壓一下。

7

再將麵團整成照片中的樣子（長15公分），在室溫下發酵約60分鐘。

烘烤Bake

8

放入烤箱，以160℃烘烤約40分鐘。

9

出爐後表面刷上熱的液體奶油，再篩入糖粉即成。

Qui, Chef!
重點提示

1. 麵團發酵過程中，必須全程覆蓋保鮮膜或塑膠袋，防止麵團被吹乾。
2. T65是法國麵粉，麥香味道更為濃厚。
3. 可將果乾先浸泡在水果風味酒（櫻桃酒、橘子酒、蘭姆酒等）中數天，再取出使用，風味更佳。

關於史多倫

國家 德國
製作順序 老麵→麵種→整型、發酵→烘烤
主原料 T65麵粉、低筋麵粉、酵母、鮮奶、奶油、果乾丁等
由來

　　因為外型形似耶穌的臥床，被當成傳統聖誕麵包。在德國，大約十一月，就會開始準備製作史多倫。到了十二月，史多倫就成了聖誕倒數麵包，很多人家會從十二月初開始，每週日切一塊史多倫麵包，佐酒一起吃，到了一整條史多倫即將吃完，也就是聖誕節到來的時刻。因為史多倫中添加了蘭姆酒，且有大量酒漬水果，所以像酒越陳越香，麵包擺著也會越來越好吃，很適合當作聖誕倒數麵包。

傳統史多倫配方

高筋麵粉	250g.	蛋黃	1顆
鮮奶	135g.	奶油	40g.
新鮮酵母	21g.	果乾	180g.
鹽	6g.	杏仁膏	150g.

● 改良配方中添加了老麵，史多倫的口感更柔軟。此外，傳統的史多倫包入杏仁膏，改良配方中少了杏仁膏，甜度降低。

Cook50189

主廚精選！世界經典甜點

傳統配方再現 VS. 主廚的黃金比例配方

作者	郭建昌
攝影	徐榕志
美術設計	鄭雅惠
編輯	彭文怡
校對	連玉瑩
行銷	邱郁凱
企畫統籌	李橘
總編輯	莫少閒
出版者	朱雀文化事業有限公司
地址	台北市基隆路二段 13-1 號 3 樓
電話	02-2345-3868
傳真	02-2345-3828
劃撥帳號	19234566　朱雀文化事業有限公司
e-mail	redbook@hibox.biz
網址	http://redbook.com.tw
總經銷	大和書報圖書股份有限公司 (02)8990-2588
ISBN	978-986-97710-4-7
初版一刷	2019.08
定價	380 元
出版登記	北市業字第 1403 號

國家圖書館出版品預行編目 (CIP) 資料

主廚精選！世界經典甜點：傳統配方
再現 VS. 主廚的黃金比例配方／郭建
昌著 -- 初版 . -- 臺北市：朱雀文化，
2019.08
面；公分 --（Cook50；189）
ISBN 978-986-97710-4-7（平裝）
1. 點心食譜　　　　　　　　427.16

About 買書

●實體書店：北中南各書店及誠品、金石堂、何嘉仁等連鎖書店均有販售。建
議直接以書名或作者名，請書店店員幫忙尋找書籍及訂購。
●●網路購書：至朱雀文化網站購書可享 85 折起優惠，博客來、讀冊、
PCHOME、MOMO、誠品、金石堂等網路平台亦均有販售。
●●●郵局劃撥：請至郵局窗口辦理（戶名：朱雀文化事業有限公司，帳號
19234566），掛號寄書不加郵資，4 本以下無折扣，5 ～ 9 本 95 折，10 本以
上 9 折優惠。